D1574819

Estimation Prédiction

ÉLÉMENTS DE COURS ET EXERCICES RÉSOLUS

CHEZ LE MÊME ÉDITEUR

COLLECTION **SCIENCES ET TECHNOLOGIES**
dirigée par P. BORNE

1 L'électronique de commutation. Analyse des circuits par la méthode de l'invariance relative. J.-L. COCQUERELLE

2 De la diode au microprocesseur. P. DEMIRDJIAN

3 Génie électrique. Du réseau au convertisseur. Apprendre par l'exemple J.-L. COCQUERELLE

4 Régulation industrielle. Problèmes résolus. M. KSOURI, P. BORNE

5 Automatique des systèmes continus. Éléments de cours et exercices résolus C. SUEUR, P. VANHEEGHE, P. BORNE

6 Introduction à la commande floue. P. BORNE, J. ROZINOER, J.-Y. DIEULOT, L. DUBOIS

7 Introduction à l'analyse structurée. Programmation en Pascal et C J.-P. BRASSART

8 Introduction à la théorie du signal et de l'information. Cours et exercices. F. AUGER

9 La commande par calculateur. Application aux procédés industriels. Avec 100 exercices et problèmes résolus. M. KSOURI, P. BORNE

10 C.E.M. et électronique de puissance. J.-L. COCQUERELLE

11 Systèmes électrotechniques. Applications industrielles. Problèmes et solutions J.-P. CARON, J.-P. HAUTIER

12 Asservissement et régulations continus. Analyse et synthèse. Problèmes avec solutions Sous la coordination de E. BOILLOT

COLLECTION **MÉTHODES ET PRATIQUES DE L'INGÉNIEUR**
dirigée par P. BORNE

AUTOMATIQUE

P. BORNE, G. DAUPHIN-TANGUY, J.-P. RICHARD, F. ROTELLA et I. ZAMBETTAKIS

1 Commande et optimisation des processus
2 Modélisation et identification des processus (tome 1)
3 Modélisation et identification des processus (tome 2)
4 Analyse et régulation des processus industriels. Tome 1 : Régulation continue
5 Analyse et régulation des processus industriels. Tome 2 : Régulation numérique

8 La commande prédictive. P. BOUCHER, D. DUMUR
9 Réalisation, réduction et commande des systèmes linéaires. A. RACHID, D. MEHDI

MATHÉMATIQUES

6 Théorie et pratique du calcul matriciel. F. ROTELLA , P. BORNE

ÉLECTROTECHNIQUE

7 Modélisation et commande de la machine asynchrone J.-P. CARON, J.-P. HAUTIER

10 Convertisseurs statiques. Méthodologie causale de modélisation et de commande J.-P. HAUTIER, J.-P. CARON

DICTIONNAIRE

Dictionnaire d'automatique, de génie électrique et de productique
Systems and Control Dictionary. Anglais-Français, Français-Anglais
P. BORNE, N. QUAYLE, O. BORNE, M.G. SINGH

SCIENCES *et technologies*
dirigée par Pierre BORNE
Professeur, Directeur scientifique de l'École Centrale de Lille
13

Emmanuel DUFLOS
Professeur à l'Institut supérieur d'électronique du Nord
Philippe VANHEEGHE
Professeur des universités à l'École Centrale de Lille

Estimation Prédiction

ÉLÉMENTS DE COURS ET EXERCICES RÉSOLUS

2000
Editions TECHNIP 27 rue Ginoux, 75737 PARIS Cedex 15, FRANCE

DANGER

LE PHOTOCOPILLAGE TUE LE LIVRE

Ce logo a pour objet d'alerter le lecteur sur la menace que représente pour l'avenir de l'écrit, tout particulièrement dans le domaine technique et universitaire, le développement massif du « photocopillage ».
Cette pratique qui s'est généralisée, notamment dans les établissements d'enseignement supérieur, provoque une baisse brutale des achats de livres, au point que la possibilité même pour les auteurs de créer des œuvres nouvelles et de les faire éditer correctement est aujourd'hui menacée.
Nous rappelons donc que la reproduction de l'ouvrage, partielle ou totale, la vente sans autorisation ainsi que le recel sont passibles de poursuites. Les demandes d'autorisation de photocopier doivent être adressées directement à l'éditeur ou au Centre français d'exploitation du droit de copie : 20, rue des Grands-Augustins, 75006 Paris. Tél. : 01 44 07 47 70 ; Fax : 01 46 34 67 19.

Tous droits de traduction, de reproduction et d'adaptation réservés pour tous pays.

Toute représentation, reproduction intégrale ou partielle faite par quelque procédé que ce soit, sans le consentement de l'auteur ou de ses ayants cause, est illicite et constitue une contrefaçon sanctionnée par les articles 425 et suivants du Code pénal.
Par ailleurs, la loi du 11 mars 1957 interdit formellement les copies ou les reproductions destinées à une utilisation collective.

© Editions Technip, Paris, 2000.
Imprimé en France

ISBN 2-7108-0774-2
ISSN 1243-0226

PRÉFACE

L'estimation et la prédiction de paramètres sont des « problèmes de décision » susceptibles de nombreuses applications dans le domaine des sciences de l'ingénieur : ainsi les rencontre-t-on lorsqu'il est nécessaire, pour caractériser le phénomène que l'on veut étudier, d'extraire des informations de l'observation de grandeurs physiques.

Un exemple simple est issu du problème de la surveillance d'une zone aérienne : après avoir détecté la présence d'une cible, il est généralement demandé de déterminer les valeurs de paramètres attachés à cette cible (position, vitesse,...). Le traitement de ces données permet ensuite une prédiction du comportement de la cible.

L'ouvrage d'Emmanuel Duflos et de Philippe Vanheeghe traite des méthodes de base à maîtriser pour aborder les problèmes d'estimation et de prédiction. C'est le produit de leur grande expérience en enseignement et en recherche dans les domaines de l'automatique et du traitement du signal.

Il comporte quatre chapitres, comprenant des rappels de cours puis des exercices corrigés illustrant les éléments théoriques. Cette structure en fait un support pédagogique bien équilibré, qui sera apprécié des étudiants recherchant ce type de recueil.

La modélisation des phénomènes physiques à maîtriser et des systèmes associés devenant plus complexes, ces méthodes d'estimation et de prédiction ne peuvent être abordées sans une formation suffisante en mathématiques. En particulier, la lecture et la compréhension de cet ouvrage nécessite d'avoir assimilé les connaissances en calcul des probabilités correspondant au premier cycle d'études universitaires scientifiques.

Je souhaite à tous les lecteurs une bonne lecture et un bon travail.

Pierre-Yves Arquès
Professeur à l'université de Toulon
Conseiller scientifique au Centre technique des systèmes navals
(CTSN/DCE/DGA)

En hommage à Jean-Noël Decarpigny, directeur des études puis directeur de l'Institut supérieur d'électronique du Nord, qui nous a toujours accordé son appui et sa confiance indéfectible dans la mise en place et l'évolution des enseignements de traitement du signal et d'automatique.

E. Duflos
P. Vanheeghe

TABLE DES MATIÈRES

1

NOTION D'ESTIMATEUR

1.1 Un exemple

Lorsque l'on cherche à déterminer la distance d'un objet avec un radar, on émet en direction de l'objet une onde électromagnétique de forme connue qui va se réfléchir sur ce dernier. On réceptionne ensuite l'onde réfléchie à l'aide de l'antenne du radar. Si on appelle d la distance séparant le radar de l'objet et C la célérité de l'onde, le temps t séparant l'émission et la réception de cette dernière est en théorie égal à :

$$t = \frac{2d}{C},$$

puisque l'onde effectue deux fois le trajet radar-objet pendant t. Par conséquent, la détermination de la distance d revient à mesurer le temps t.

Cette détermination peut sembler, de prime abord, simple à effectuer puisque l'on connaît la forme de l'onde émise. Malheureusement, celle-ci subit au cours de sa propagation un certain nombre de distorsions qui rendent impossible la détermination exacte de t. Il faut, par exemple, prendre en compte les réflexions sur d'autres objets qui viennent perturber l'onde utile et les perturbations introduites par l'électronique de réception. Si l'objet est situé en dehors de l'atmosphère, cette dernière est également la source de perturbations. Tout ceci fait que le temps mesuré t_{mes} est en fait une fonction h du temps exact t et d'un certain nombre de perturbations $\mathbf{b}$, qu'il est impossible de toutes connaître de façon exacte :

$$t_{mes} = h(t, \mathbf{b}).$$

Au total, pour déterminer la distance d, on ne dispose en fait que d'une relation du type :

$$t_{mes} = h(\frac{2d}{C}, \mathbf{b}),$$

dans laquelle tout n'est pas connu. Dans ces conditions, on ne pourra chercher, à partir de la mesure du temps, qu'une approximation la plus précise possible de d. On dit alors qu'on cherche une **estimation** de d.

1.2 Formalisation de l'estimation

Dans de nombreux systèmes de traitement de données, on est amené à chercher la valeur d'un ou de plusieurs paramètres à partir de la mesure d'un signal $x(t)$ dépendant le plus souvent du temps t.

En fait, les moyens de traitement étant numériques, on cherche généralement à déterminer ces paramètres à partir d'échantillons $x(nT_e) \equiv x(n)$ (T_e représente la période d'échantillonnage et n l'instant d'échantillonnage) prélevés sur le signal $x(t)$. On supposera dans tout ce qui suit que ces N échantillons sont regroupés dans un vecteur $\mathbf{x}$:

$$\mathbf{x} = [x(0), x(1), \ldots, x(N-1)]^T .$$

Le système sur lequel on prélève les mesures et les procédés de mesure eux-mêmes sont généralement tels que la relation reliant les paramètres à déterminer et la mesure fait apparaître un certain nombre de perturbations dont il est impossible de déterminer la valeur exacte.

Si l'on regroupe tous les paramètres à estimer dans un vecteur θ et les perturbations dans un vecteur $\mathbf{b}$, la relation qui lie la mesure, les paramètres et les perturbations s'appelle un **modèle de mesure**. Ce modèle est de la forme :

$$\mathbf{x} = h(\theta, \mathbf{b}) .$$

L'apparition des perturbations dans le modèle a pour principale conséquence qu'il est impossible de déterminer la valeur exacte de θ à partir de la connaissance de $\mathbf{x}$: on ne peut en déterminer qu'une **estimation**, qu'on notera $\hat{\theta}$. Pour cela, on cherche à déterminer une fonction $\hat{\theta}(\mathbf{x})$, appelée **estimateur**, telle que :

$$\hat{\theta}(\mathbf{x}) = \hat{\theta} .$$

Remarque *: Les caractères gras font référence à un vecteur ou à une matrice. Lorsqu'un vecteur est réduit à une seule composante, la variable correspondante n'est plus écrite en caractère gras. Par exemple, lorsque le paramètre à estimer est un scalaire, l'estimateur sera noté* $\hat{\theta}(\mathbf{x})$.

1.3 Modélisation des perturbations

Par analogie avec les phénomènes auditifs indésirables, les perturbations s'appellent généralement des **bruits**. Une façon de prendre en compte ces bruits consiste à les considérer comme des **signaux aléatoires**. Chaque vecteur $\mathbf{b}$ est donc considéré comme un vecteur de variables aléatoires. La détermination d'un estimateur dépend alors du degré de connaissance qu'on a sur ce vecteur de variables aléatoires : sa moyenne, sa variance, sa matrice de corrélation, quelques moments ou encore, dans le meilleur des cas, sa densité de probabilité $p(\mathbf{b})$. Cette connaissance est elle-même liée à celle du système sur lequel on prélève les mesures.

D'après le modèle de mesure, les bruits étant de nature aléatoire, la mesure est une variable aléatoire et l'estimateur l'est également.

1.4 Approche classique de l'estimation

Il existe deux approches possibles pour aborder le problème de la conception d'un estimateur. La première approche, la plus intuitive, s'appelle l'**approche classique**. Pour déterminer un estimateur, on suppose que (le ou) les paramètres à estimer sont inconnus et de nature déterministe. Par conséquent, d'après l'expression du modèle de mesure, $\mathbf{x}$ possède une densité de probabilité paramétrée par θ. Cette densité sera notée $p(\mathbf{x};\theta)$.

1.5 Approche bayesienne de l'estimation

La seconde approche est moins intuitive : on l'appelle l'**approche bayesienne.** On l'utilise lorsque l'on possède des connaissances a priori sur θ. On suppose alors que θ est de nature aléatoire et on transcrit cette connaissance en une densité de probabilité.

2

NOTIONS SUR LES SIGNAUX ALÉATOIRES STATIONNAIRES

RAPPELS THÉORIQUES

2.1 Le signal aléatoire

Un signal aléatoire est une **règle** qui associe à chaque réalisation possible d'une expérience une fonction $X(t,\omega)$, où t représente le plus souvent le temps et ω l'expérience réalisée. Dans un souci de simplicité, on « oublie » généralement de faire référence à ω, l'aspect aléatoire étant clairement identifiable dans le contexte. La fonction $X(t,\omega)$ est, dans le cas général, à valeur dans le corps des complexes.

Deux représentations sont alors possibles pour étudier le signal aléatoire : soit on fixe le temps t et $X(t,\omega)$ est une variable aléatoire, soit on fixe ω et $X(t,\omega)$ se comporte comme une fonction temporelle déterministe appelée **trajectoire du signal aléatoire**. Cette dualité est représentée dans la figure 2.1.

2.2 Loi temporelle d'un signal aléatoire

Considérons un ensemble de n instants t_i définissant un vecteur de variables aléatoires $\mathbf{X}$ par :

$$\mathbf{X} = [X(t_1,\omega), X(t_2,\omega),..., X(t_n,\omega)]^T .$$

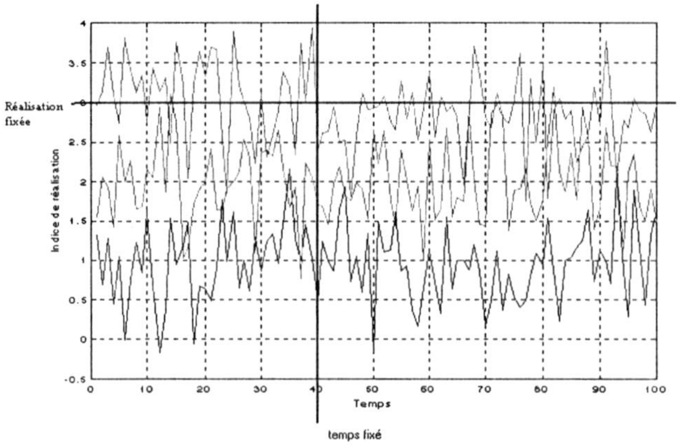

Figure 2.1 : Dualité de représentation d'un signal aléatoire.

Si, pour tous les ensembles possibles d'instants t_i et quel que soit le nombre d'instants considérés, les **fonctions de répartition du n^{ième} ordre** définies par :

$$F_{X,n}(x_1,...,x_n;t_1,...,t_n) = \Pr(X(t_1) < x_1,..., X(t_n) < x_n),$$

sont connues, alors on dit que la loi temporelle du signal aléatoire est connue. On définit alors les **densités du n^{ième} ordre** par :

$$p_{X,n}(x_1,..., x_n;t_1,...,t_n) = \frac{\partial^n}{\partial x_1...\partial x_n}(F_{X,n}(x_1,..., x_n;t_1,...,t_n)).$$

2.3 Moyenne et covariance d'un signal aléatoire

On appelle **moyenne** ou **espérance** d'un signal aléatoire X la quantité $E[X(t)]$ définie par :

$$E[X(t)] = \int x p_{X,1}(x,t)dx.$$

On dit qu'un signal est **centré** si sa moyenne est nulle pour tout t. Si on appelle $X^*(t_2)$ le complexe conjugué de $X(t_2)$, la **covariance** d'un signal aléatoire X, notée $c_X(t_1,t_2)$, est définie par :

$$c_X(t_1,t_2) = E[X(t_1)X^*(t_2)] - E[X(t_1)]E[X^*(t_2)],$$

soit, de façon équivalente, par :

$$c_X(t_1,t_2) = \iint x_1 x_2^* p_{X,2}(x_1,x_2;t_1,t_2)dx_1 dx_2 - E[X(t_1)]E[X^*(t_2)].$$

2.4 Signaux aléatoires stationnaires

On dit qu'un signal aléatoire est **stationnaire au sens strict** si toutes ses propriétés statistiques sont invariantes par translation de l'origine des temps. Les fonctions de répartition du $n^{\text{ième}}$ ordre sont donc telles que :

$$\forall \tau \in \Re \quad F_{X,n}(x_1,...,x_n;t_1+\tau,...,t_n+\tau) = F_{X,n}(x_1,...,x_n;t_1,...,t_n).$$

On peut alors montrer que la moyenne et la covariance d'un signal aléatoire **stationnaire au sens strict** sont telles que :

$$\forall t \in \Re \quad E[X(t)] = m \text{ avec } m \text{ une constante,}$$

$$\forall t_1 \in \Re, \forall \tau \in \Re \quad c_X(t_1,t_1-\tau) = c_X(\tau).$$

Lorsqu'un signal aléatoire possède une moyenne et une covariance qui vérifient les deux égalités précédentes, sans aucune autre information sur les propriétés statistiques, on dit que le signal est **stationnaire au sens large** ou encore qu'il est **stationnaire au second ordre**.

Dans la pratique, la vérification de la stationnarité au sens strict peut être difficile à démontrer. On se contente alors de montrer la stationnarité au sens large.

Lorsqu'un signal aléatoire est stationnaire, la covariance du signal s'appelle **la fonction d'autocorrélation** : nous la noterons $\gamma_X(\tau)$.

Cette fonction est à symétrie hermitienne dans le cas général et elle est donc simplement paire dans le cas d'un signal aléatoire réel. On peut également montrer que son module est maximal pour $\tau = 0$.

2.5 Densité spectrale de puissance d'un signal aléatoire stationnaire

Comme dans le cas des signaux déterministes, il peut être intéressant d'avoir une représentation fréquentielle d'un signal aléatoire. Lorsque le signal aléatoire est stationnaire, cette représentation, notée $X(\nu)$ (ν étant la fréquence), est égale à :

$$X(\nu) = \int (\gamma_X(\tau) + m^2) e^{-2j\pi\nu\tau} d\tau,$$

c'est-à-dire égale à la transformée de Fourier de la fonction d'autocorrélation non centrée. Ce résultat est connu sous le nom de théorème de Wiener-Khintchine. Cette représentation fréquentielle du signal aléatoire s'appelle la **densité spectrale de puissance.**

2.6 Définition d'un bruit blanc

Il en existe plusieurs définitions. Nous ne donnons ici que les deux principales.

On appelle **bruit blanc au sens faible** un signal aléatoire $B(t)$ stationnaire, généralement centré, tel que :

$$\gamma_B(\tau) = \gamma_B(0)\delta(\tau),$$

avec $\delta(\tau)$ la distribution de dirac en 0.

On appelle **bruit blanc au sens fort** un signal aléatoire stationnaire, généralement centré, tel que, quels que soient les instants considérés, les variables aléatoires correspondantes sont indépendantes. On peut montrer qu'un signal aléatoire au sens fort l'est toujours au sens faible. Le qualificatif *blanc* provient du fait que la densité spectrale de puissance d'un tel signal aléatoire est une fonction constante égale à $\gamma_B(0)$. Toutes les fréquences sont donc représentées de la même façon, comme dans le spectre de la lumière blanche.

2.7 Signal aléatoire stationnaire échantillonné

Dans bien des applications, le signal de mesure, qui est un signal aléatoire, n'est pas utilisé sous sa forme continue : il est échantillonné pour être traité sur un calculateur. Par conséquent, le signal n'est plus $X(t,\omega)$ mais la suite de variables aléatoires $(X(nT_e,\omega))_{n\in\Re}$ appelée **série temporelle**. Si le signal aléatoire est stationnaire, toutes ces variables aléatoires ont la même densité de probabilité qui est égale à la densité du premier ordre du signal aléatoire continu. Toutes les notions développées dans le cadre du signal continu restent valables et, en particulier, la notion de fonction d'autocorrélation dont l'argument τ, du fait de l'échantillonnage, devient un multiple de la période d'échantillonnage :

$$\gamma_X(pT_e) = E[X(nT_e)X((n-p)T_e] - m^2 \equiv \gamma_X(p).$$

2.8 Espace des variables aléatoires du second ordre

On peut montrer que l'espace des variables aléatoires X telles que $E[|X|^2] < +\infty$ forme un espace de Hilbert appelé **espace des variables aléatoires du second ordre**. Dans cet espace, l'espérance $E[XY]$ définit un produit scalaire. Par conséquent, $E[|X-Y|^2]$ peut être interprété comme le carré d'une distance séparant X de Y.

2.9 Matrice d'autocorrélation d'un signal aléatoire stationnaire échantillonné

On considère un signal aléatoire $X(t,\omega)$ stationnaire au second ordre au moins et échantillonné à la période T_e. À partir de N échantillons successifs, on construit un vecteur $\mathbf{x}$ égal à :

$$\mathbf{x} = [X(nT_e), X((n+1)T_e),..., X(n+N-1)T_e)]^T \equiv [X(n), X((n+1)),..., X(n+N-1))]^T .$$

On appelle **matrice d'autocorrélation** du vecteur **x** la matrice $\Gamma_\mathbf{x}$ définie par :

$$\Gamma_\mathbf{x} = E[\mathbf{x}\mathbf{x}^T] - E[\mathbf{x}]E[\mathbf{x}^T],$$

c'est-à-dire que l'élément situé à la ligne i et la colonne j de la matrice d'autocorrélation est égal à $\gamma_X(i-j)$. Étant données les propriétés de **la fonction d'autocorrélation**, cette matrice est à symétrie hermitienne dans le cas général et elle est symétrique si le signal aléatoire est réel. On peut également montrer que, quel que soit le signal aléatoire, elle est définie non négative, ce qui peut se traduire, entre autre, par le fait que ses valeurs propres sont toutes non négatives.

2.10 Signal aléatoire stationnaire gaussien

Un signal aléatoire stationnaire $X(t,\omega)$ est dit gaussien si toutes ses densités du n^{ième} ordre sont des densités de probabilité normales, c'est-à-dire de la forme :

$$p_{X,n}(x_1,..., x_n; t_1,..., t_n) = (2\pi)^{\frac{-n}{2}} \det(\Gamma_\mathbf{x})^{\frac{-1}{2}} e^{\frac{-1}{2}((\mathbf{x}-\mathbf{m})^T \Gamma_\mathbf{x}^{-1}(\mathbf{x}-\mathbf{m}))},$$

avec **x** et **m** les vecteurs définis par : $\mathbf{x} = [x_1,..., x_n]^T$,

$$\mathbf{m} = [m,..., m]^T,$$

et $\det(\Gamma_\mathbf{x})$ le déterminant de la matrice d'autocorrélation $\Gamma_\mathbf{x}$ du vecteur **x**.

On appelle alors bruit blanc gaussien un bruit blanc pour lequel toutes les densités du n^{ième} ordre sont des densités de probabilité normales. Une conséquence immédiate des définitions d'un signal aléatoire gaussien et de la fonction d'autocorrélation est que, lorsque l'on échantillonne un tel signal, chaque variable aléatoire $X(n)$ est une variable aléatoire normale de moyenne égale à celle du signal aléatoire et de variance $\gamma_X(0)$.

ÉNONCÉS DES EXERCICES

■ Exercice 1

On lance un dé à six faces. On appelle f_i la face qui apparaît au cours du lancer et $p(f_i)$ la probabilité d'apparition de cette face.

1. Calculer $p(f_i)$ pour tout $i \in \{1,2,3,4,5,6\}$.
2. Soit X la variable aléatoire qui, à chaque résultat d'un lancer, associe la valeur $X(f_i)=i$. Déterminer et représenter la fonction de répartition de la variable aléatoire X.
3. Calculer la densité de probabilité de la variable aléatoire X.

■ Exercice 2

Soit la variable aléatoire X de densité de probabilité :

$$p(x) = 3e^{-3x} \text{ pour } x \geq 0 \text{ et } p(x) = 0 \text{ sinon .}$$

1. Vérifier que $p(x)$ ainsi définie est bien une densité de probabilité.
2. Calculer la moyenne et la variance de X.
3. Calculer la probabilité qu'une réalisation de la variable aléatoire X appartienne à l'intervalle $[3,5]$.

■ Exercice 3

Soit la variable aléatoire normale X de moyenne m et de variance σ^2.

1. Écrire la densité de probabilité $p(x)$ de X.
2. Écrire sous la forme d'une intégrale la probabilité qu'une réalisation x de X appartienne à l'intervalle $[m-k\sigma, m+k\sigma]$ avec $k>0$.
3. On définit la fonction $Q(x)$ par :

$$Q(x) = \frac{1}{\sqrt{2\pi}} \int_x^{+\infty} e^{\frac{-u^2}{2}} du \text{ .}$$

On sait que $Q(1) = 0.1587$, $Q(2) = 0.0228$ et $Q(3) = 0.0014$. Déterminer la probabilité qu'une réalisation x de X appartienne à chacun des intervalles $[m\text{-}\sigma, m+\sigma]$, $[m\text{-}2\sigma, m+2\sigma]$ et $[m\text{-}3\sigma, m+3\sigma]$.

4. Commenter les résultats obtenus à la question 3.

5. Un paramètre inconnu θ influence le résultat d'une expérience dont la mesure est modélisée par une variable aléatoire X, dont on note x une réalisation. On a réussi à montrer que :

$$p(x;\theta) = \frac{1}{\sqrt{2\pi}} e^{-\frac{1}{2}(x-\theta)^2}.$$

Une série d'expériences est alors réalisée et l'on remarque que le résultat se trouve toujours dans l'intervalle [97,103]. On en déduit que θ doit avoir une valeur de 100. Discuter la validité de cette conclusion.

■ Exercice 4

En transmission, le codage le plus simple à réaliser est le codage NRZ (*Non Return to Zero*). Il consiste à transmettre, pendant un temps T, une tension $+A$ lorsque le bit vaut 1 et $-A$ si le bit vaut 0. Le signal transmis est donc une succession de suites de $+A$ et de $-A$. Le récepteur ne connaissant pas le signal transmis, ce dernier est pour lui un signal aléatoire.

1. On transmet, à partir de l'instant zéro, les bits 11010010. Tracer le signal reçu.

2. On suppose que la transmission commence en $t = 0$ et on appelle $X(t)$ le signal reçu. $X(t)$ est-il stationnaire à l'ordre 2 ?

3. Expliquer de façon qualitative le résultat de la question 2.

4. On suppose maintenant que l'instant τ_0 de la transmission est aléatoire et uniformément réparti entre les instants 0 et T. On appelle $Y(t)$ le signal reçu. $Y(t)$ est-il stationnaire au sens large ?

5. Déterminer et tracer la densité spectrale de puissance de $Y(t)$ dans le cas de la question 4.

■ Exercice 5

Soit le vecteur $\mathbf{x} = [x_0, x_1, ..., x_{N\text{-}1}]^T$ dont toutes les composantes sont des variables aléatoires indépendantes de même loi. On appelle m la moyenne et σ^2 la variance de ces variables aléatoires. Calculer la matrice d'autocorrélation de **x**.

■ Exercice 6

Soit $x(t)$ un signal aléatoire réel, stationnaire, de moyenne m et de variance σ^2. On suppose que, quels que soient les instants t_1 et t_2, on a :

$$E[x(t_1)x(t_2)] - m^2 = \sigma^2 e^{-|t_1 - t_2|}.$$

On échantillonne $x(t)$ avec une période d'échantillonnage égale à 1. Calculer la matrice d'autocorrélation de N échantillons.

CORRIGÉS DES EXERCICES

■ Corrigé de l'exercice 1

1. *Calculer* $p(f_i)$ *pour tout* $i \in \{1,2,3,4,5,6\}$. Par définition d'une probabilité, il vient :

$$p(f_i) = \frac{\text{nombre de résultat(s) favorable(s) à l'événement} : \{f_i \text{ apparaît}\}}{\text{nombre total de résultats possibles pour une expérience}}$$

donc ici : $$p(f_i) = \frac{1}{6} \text{ pour tout } i \in \{1,2,3,4,5,6\}.$$

2. *Pour déterminer et représenter la fonction de répartition de la variable aléatoire X*, il faut calculer $F(x) = \Pr(X < x)$. Pour cela, il faut relier l'événement $\{X < x\}$ aux événements $\{f_i \text{ apparaît}\}$ dans le jeu de dé, avec $X \in \{1,...,6\}$, et $x \in \Re$.

Si $x \leq 1$, il n'existe pas d'événement $\{f_i \text{ apparaît}\}$ correspondant et on a :

$$F(x) = 0.$$

Si $1 < x \leq 2$, le seul événement correspondant est $\{f_1 \text{ apparaît}\}$ donc :

$$F(x) = p(f_1) = \frac{1}{6}.$$

Si $2 < x \leq 3$, il existe 2 événements correspondant $\{f_1 \text{ apparaît}\}$ ou $\{f_2 \text{ apparaît}\}$ donc :

$$F(x) = p(f_1) + p(f_2) = \frac{1}{3}.$$

Si $3 < x \leq 4$, il existe 3 événements correspondant $\{f_1 \text{ apparaît}\}$ ou $\{f_2 \text{ apparaît}\}$ ou $\{f_3 \text{ apparaît}\}$ donc :

$$F(x) = p(f_1) + p(f_2) + p(f_3) = \frac{1}{2}.$$

Si $4 < x \leq 5$, il existe 4 événements correspondant $\{f_1 \text{ apparaît}\}$ ou $\{f_2 \text{ apparaît}\}$ ou $\{f_3 \text{ apparaît}\}$ ou $\{f_4 \text{ apparaît}\}$ donc :

$$F(x) = p(f_1) + p(f_2) + p(f_3) + p(f_4) = \frac{2}{3}.$$

Si $5 < x \leq 6$, il existe 5 événements correspondant $\{f_1 \text{ apparaît}\}$ ou $\{f_2 \text{ apparaît}\}$ ou $\{f_3 \text{ apparaît}\}$ ou $\{f_4 \text{ apparaît}\}$ ou $\{f_5 \text{ apparaît}\}$ donc :

$$F(x) = p(f_1) + p(f_2) + p(f_3) + p(f_4) + p(f_5) = \frac{5}{6}.$$

Si $x > 6$, il existe 6 événements correspondant $\{f_1 \text{ apparaît}\}$ ou $\{f_2 \text{ apparaît}\}$ ou $\{f_3 \text{ apparaît}\}$ ou $\{f_4 \text{ apparaît}\}$ ou $\{f_5 \text{ apparaît}\}$ ou $\{f_6 \text{ apparaît}\}$ donc :

$$F(x) = p(f_1) + p(f_2) + p(f_3) + p(f_4) + p(f_5) + p(f_6) = 1 .$$

La fonction de répartition $F(x)$ est représentée dans la figure 2.2.

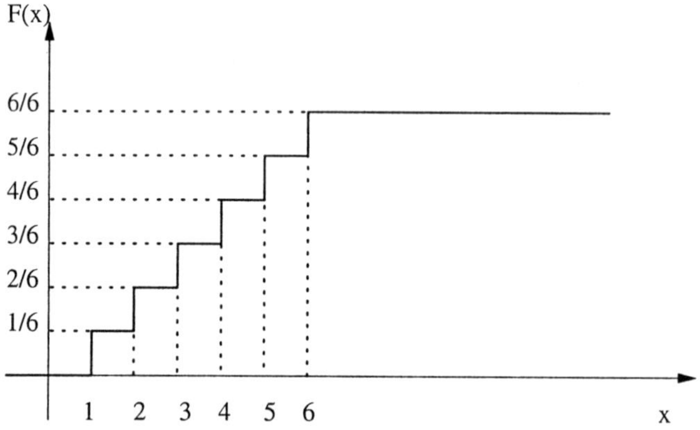

Figure 2.2 : Fonction de répartition de la variable aléatoire *X*.

3. *Densité de probabilité de la variable aléatoire X.* Par application de la définition de la densité de probabilité, il vient :

$$p(x) = \frac{dF(x)}{dx} .$$

Cette densité de probabilité est représentée dans la figure 2.3.

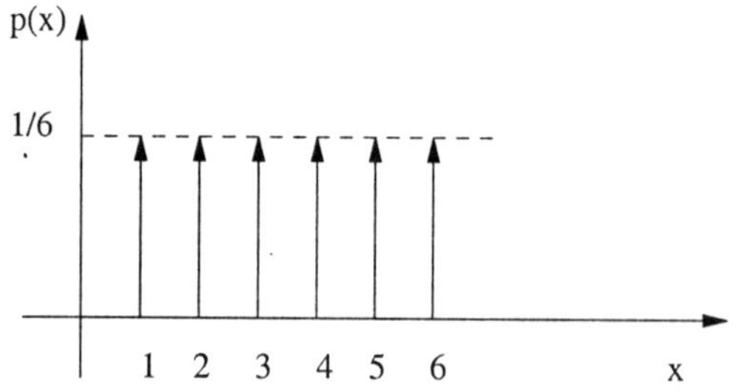

Figure 2.3 : Densité de probabilité de la variable aléatoire *X*.

■ Corrigé de l'exercice 2

1. *Vérifier que* $p(x)$ *est bien une densité de probabilité.* Par définition de la densité de probabilité, il vient :

$$\int_0^{+\infty} p(x)dx = 1.$$

Dans notre cas, on a :

$$\int_0^{+\infty} 3\mathrm{e}^{-3x}dx = [-\mathrm{e}^{-3x}]_0^{\infty} = 0 - (-1) = 1 ,$$

et donc $p(x)$ est bien une densité de probabilité.

2. *Calculer la moyenne et la variance de X.* Par définition de la moyenne, il vient :

$$E[X] = \int_0^{+\infty} xp(x)dx = \int_0^{+\infty} 3xe^{-3x}dx ,$$

$$E[X] = [-xe^{-3x}]_0^{\infty} - \int_0^{+\infty} -e^{-3x}dx = \int_0^{+\infty} e^{-3x}dx ,$$

$$E[X] = [-\frac{1}{3}e^{-3x}]_0^{\infty} = 0 - (-\frac{1}{3}) = \frac{1}{3},$$

et donc finalement : $$E[X] = \frac{1}{3}.$$

Par définition de la variance, il vient :

$$\sigma^2 = E[X^2] - (E[X])^2 ,$$

$$\sigma^2 = \int_0^{+\infty} 3x^2e^{-3x}dx - (\frac{1}{3})^2 ,$$

$$\int_0^{+\infty} 3x^2e^{-3x}dx = [-x^2e^{-3x}]_0^{+\infty} + \int_0^{+\infty} 2xe^{-3x}dx = \frac{2E[X]}{3},$$

et donc finalement : $\sigma^2 = \frac{2}{9} - \frac{1}{9} = \frac{1}{9}$.

3. *La probabilité pour qu'une réalisation de la variable aléatoire X appartienne à l'intervalle* [3,5] est donnée par :

$$\Pr(x \in [3{,}5]) = \int_3^5 3e^{-3x}dx = [-e^{-3x}]_3^5 = -e^{-15} + e^{-9} = 1.23\,10^{-4}.$$

■ Corrigé de l'exercice 3

1. *Densité de probabilité* $p(x)$ *de X.* Par définition, la densité de probabilité d'une variable aléatoire normale X de moyenne m et de variance σ^2 est :

$$p(x) = \frac{1}{\sqrt{2\pi\sigma^2}} e^{-\frac{1}{2}\left(\frac{x-m}{\sigma}\right)^2}.$$

2. *L'intégrale donnant la probabilité qu'une réalisation x de X appartienne à l'intervalle* $[m\text{-}k\sigma, m + k\sigma]$ *avec* $k > 0$ est :

$$\Pr(m - k\sigma < x < m + k\sigma) = \frac{1}{\sqrt{2\pi\sigma^2}} \int_{m-k\sigma}^{m+k\sigma} e^{-\frac{1}{2}\left(\frac{x-m}{\sigma}\right)^2} dx.$$

En effectuant un changement de variable :

$$u = \frac{x-m}{\sigma},\ du = \frac{dx}{\sigma},$$

il vient : $$\Pr(m - k\sigma < x < m + k\sigma) = \frac{1}{\sqrt{2\pi}} \int_{-k}^{k} e^{-\frac{u^2}{2}} du.$$

3. *Probabilité qu'une réalisation x de X appartienne à chacun des intervalles :* $[m\text{-}\sigma, m+\sigma]$, $[m\text{-}2\sigma, m+2\sigma]$ *et* $[m\text{-}3\sigma, m+3\sigma]$.

L'énoncé donne la valeur de :

$$Q(x) = \frac{1}{\sqrt{2\pi}} \int_x^{+\infty} e^{\frac{-u^2}{2}} du.$$

La probabilité qu'une réalisation x de X appartienne à l'intervalle $[m - k\sigma < x < m + k\sigma]$ est alors égale à :

$$\Pr(m - k\sigma < x < m + k\sigma) = 1 - 2Q(k).$$

Il est alors possible d'en déduire que :

$$\Pr(x \in [m-\sigma < x < m+\sigma]) = 1 - 2Q(1) = 0.6826,$$

$$\Pr(x \in [m-2\sigma < x < m+2\sigma]) = 1 - 2Q(2) = 0.9544,$$

$$\Pr(x \in [m-3\sigma < x < m+3\sigma]) = 1 - 2Q(3) = 0.9973.$$

4. *Commentaire.* Les résultats obtenus à la question 3 impliquent qu'il est très improbable qu'une réalisation d'une variable aléatoire normale soit en dehors de l'intervalle centré en $x = m$ et d'amplitude 3σ.

5. *Discussion sur la valeur de* θ. La modélisation de x signifie que celui-ci suit une loi normale de moyenne θ et d'écart-type $\sigma = 1$. Compte tenu de la question précédente, si cette modélisation est exacte, il est très improbable qu'une réalisation de x soit hors de l'intervalle centré en $x = \theta$ et d'amplitude 3σ. On doit avoir :

$$\begin{cases} \theta - 3\sigma = 97 \\ \theta + 3\sigma = 103 \end{cases} \Rightarrow \begin{cases} \theta = 100 \\ \sigma = 1 \end{cases}.$$

On trouve donc que les résultas expérimentaux appartiennent à un intervalle centré en $\theta = 100$. On retrouve également que l'écart-type de la loi normale est $\sigma = 1$. Par conséquent, l'hypothèse $\theta = 100$ peut être considérée comme valable.

Corrigé de l'exercice 4

1. *À partir de l'instant zéro, transmission des bits 11010010. Tracer le signal reçu.* Conformément au principe de codage, le signal est égal à $+A$ si le bit vaut 1 et $-A$ si le bit vaut 0. Le signal transmis est tracé dans la figure 2.4.

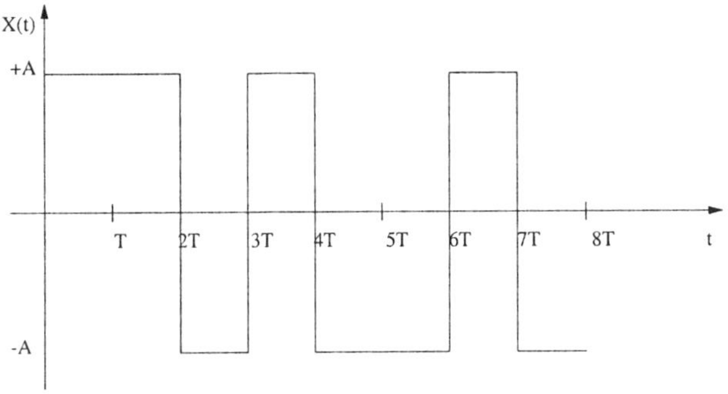

Figure 2.4 : Signal transmis en codage NRZ.

2. *La transmission commence en* $t=0$, *X(t) étant le signal reçu. X(t) est-il stationnaire à l'ordre 2 ?*

À un instant donné, *X(t)* est une variable aléatoire qui peut prendre deux valeurs équiprobables : +*A* et –*A*. On a donc :

$$\Pr(X(t)=+A)=0.5=\Pr(X(t)=-A)\,.$$

En l'absence de toute information supplémentaire, on peut supposer que les valeurs de cette variable aléatoire en deux instants t_1 et t_2 qui appartiennent à des intervalles $[nT;(n+1)T[$ distincts sont indépendantes. On a donc :

$$\Pr(X(t_1)|X(t_2))=\Pr(X(t_1)) \text{ si } t_1\in[nT;(n+1)T[\text{ et } t_2\in[pT;(p+1)T[\;\;(n\neq p).$$

Afin de déterminer si le signal est stationnaire, nous allons déterminer sa covariance. Par définition, elle est égale à :

$$c_X(t_1,t_2)=E[X(t_1)X(t_2)]-E[X(t_1)]E[X(t_2)].$$

Mais puisque :

$$E[X(t)]=A\Pr(X(t)=A)+(-A)\Pr(X(t)=-A)=0\,,$$

le calcul de la covariance se résume au calcul de :

$$c_X(t_1,t_2)=E[X(t_1)X(t_2)]\,,$$

soit donc à :

$$c_X(t_1,t_2)=A^2(\Pr(X(t_1)=A,X(t_2)=A)+\Pr(X(t_1)=-A,X(t_2)=-A))-\ldots$$
$$A^2(\Pr(X(t_1)=A,X(t_2)=-A)+\Pr(X(t_1)=-A,X(t_2)=A))\,.$$

Il nous faut pour cela déterminer la probabilité du couple $(X(t_1),X(t_2))$. Pour la déterminer de façon explicite, on utilise la formule de Bayes :

$$\Pr(X(t_1),X(t_2))=\Pr(X(t_2)|X(t_1))\Pr(X(t_1))\,.$$

Cette probabilité dépend de la position relative des instants t_1 et t_2.

- t_1 et t_2 appartiennent au même intervalle $[nT;(n+1)T[$. Il est alors immédiat que :

$$\Pr(X(t_1)=A;X(t_2)=A)=\Pr(X(t_2)=A|X(t_1)=A)\Pr(X(t_1)=A)=1(\frac{1}{2})=\frac{1}{2}\,,$$

$$\Pr(X(t_1)=-A;X(t_2)=-A)=\Pr(X(t_2)=-A|X(t_1)=-A)\Pr(X(t_1)=-A)=\frac{1}{2}\,,$$

$$\Pr(X(t_1) = A; X(t_2) = -A) = \Pr(X(t_2) = -A | X(t_1) = A)\Pr(X(t_1) = A) = 0(\frac{1}{2}) = 0,$$

$$\Pr(X(t_1) = -A; X(t_1) = A) = \Pr(X(t_2) = A | X(t_1) = -A)\Pr(X(t_1) = -A) = 0.$$

Au total, la covariance est, dans ce cas, égale à :

$$c_X(t_1, t_2) = A^2.$$

- t_1 et t_2 n'appartiennent pas au même intervalle $[nT;(n+1)T[$. On a :

$$\Pr(X(t_2) | X(t_1)) = \Pr(X(t_2)),$$

et de ce fait : $$\Pr(X(t_1), X(t_2)) = \frac{1}{4} \quad \forall (X(t_1), X(t_2)) \in \{A;-A\}.$$

Au total, la covariance est égale à :

$$c_X(t_1, t_2) = 0$$

Pour voir si le signal X est stationnaire à l'ordre 2, nous devons vérifier que la fonction d'autocorrélation peut s'écrire :

$$c_X(t_1, t_2) = c_X(t_2 - t_1 = \tau) \quad \forall \tau \in \Re.$$

Calculons la valeur de la covariance pour deux valeurs de t_1 et de t_2 mais dont la différence est constante :

$$\text{si } t_1 = 0 \text{ et } t_2 = \frac{3T}{4} \text{ alors } t_2 - t_1 = \frac{3T}{4} \text{ et } c_X(t_1, t_2) = A^2,$$

$$\text{si } t_1 = \frac{T}{2} \text{ et } t_2 = \frac{5T}{4} \text{ alors } t_2 - t_1 = \frac{3T}{4} \text{ et } c_X(t_1, t_2) = 0.$$

Ces deux valeurs étant différentes, on ne peut pas écrire :

$$c_X(t_1, t_2) = c_X(t_2 - t_1 = \tau) \quad \forall \tau \in \Re$$

et donc le signal X n'est pas stationnaire à l'ordre 2.

3. *Expliquer qualitativement le résultat de la question 2.* La stationnarité signifie que les propriétés statistiques sont indépendantes de l'origine des temps. Ceci signifie donc que celle-ci ne joue pas un rôle particulier dans la génération du signal. Or, dans notre cas, cette origine fixe les instants de changement d'états. Il existe donc des instants précis (dont l'origine) qui joue un rôle particulier dans la génération du signal X.

4. *Avec l'instant τ_0 de la transmission aléatoire et uniformément réparti entre les instants 0 et T, Y(t) étant le signal reçu, Y(t) est-il stationnaire au sens large ?*

Pour un instant de début de transmission donné, on a :

$$Y(t) = X(t - \tau_0).$$

Pour la même raison qu'à la question précédente, la fonction d'autocorrélation du signal Y est égale à :

$$c_Y(t_1,t_2) = E[Y(t_1)Y(t_2)].$$

Étant donnée la relation entre les signaux X et Y, cette fonction est encore égale à :

$$c_Y(t_1,t_2) = E[X(t_1 - \tau_0)X(t_2 - \tau_0)],$$

avec τ_0 une variable aléatoire uniformément répartie entre 0 et T.

En appliquant la formule de Bayes, cette égalité peut encore s'écrire :

$$c_Y(t_1,t_2) = \int_0^T E[X(t_1 - \tau_0)X(t_2 - \tau_0)|\tau_0]p(\tau_0)d\tau_0,$$

et la fonction d'autocorrélation de Y est donc liée à celle de X par la formule :

$$c_Y(t_1,t_2) = \int_0^T c_X(t_1 - \tau_0, t_2 - \tau_0)p(\tau_0)d\tau_0$$

On appelle τ_n l'instant $(\tau_0 + nT) \in [nT,(n+1)T[$. Les changements d'état du signal Y ont lieu en ces instants. D'après la question 2, la fonction d'autocorrélation de X ne prend que deux valeurs : 0 si les instants t_1 et t_2 sont séparés par un ou plusieurs τ_n et, sinon, A^2. Pour t_1 et t_2 donnés, le calcul de la fonction d'autocorrélation de Y revient à calculer l'intégrale précédente sur des intervalles où la fonction d'autocorrélation $c_X(t_1 - \tau_0, t_2 - \tau_0)$ est non nulle. Plusieurs cas se présentent en fonction de t_1 et t_2.

Nous supposons tout d'abord que $t_1 < t_2$.

- $t_2 - t_1 = \tau > T$, il existe nécessairement au moins un τ_n entre t_1 et t_2 $t_1 - \tau_0$ et $t_2 - \tau_0$ n'appartiennent donc pas au même intervalle $[nT,(n+1)T[$ et ce, quelle que soit la valeur de τ_0. Par conséquent :

$$c_Y(t_1,t_2) = \int_0^T 0p(\tau_0)d\tau_0 = 0.$$

- $t_2 - t_1 = \tau < T$ et t_1 et t_2 appartiennent au même intervalle $[nT,(n+1)T[$. La fonction d'autocorrélation $c_X(t_1 - \tau_0, t_2 - \tau_0)$ est non nulle si τ_n n'appartient pas à l'intervalle $[t_1, t_2]$ donc si :

$$\tau_0 \in [0, t_1 - nT[\bigcup]t_2 - nT, T[.$$

On a alors :

$$c_Y(t_1,t_2) = A^2 (\int_0^{t_1 - nT} \frac{1}{T} d\tau_0 + \int_{t_2 - nT}^{T} \frac{1}{T} d\tau_0) = \frac{A^2 (T - \tau)}{T} .$$

- $t_2 - t_1 = \tau < T$ et t_1 et t_2 n'appartiennent pas au même intervalle $[nT,(n+1)T[$. Comme $\tau < T$ t_1 et t_2 appartiennent nécessairement à deux intervalles $[nT,(n+1)T[$ consécutifs. La fonction d'autocorrélation $c_X(t_1 - \tau_0, t_2 - \tau_0)$ est non nulle si τ_n n'appartient pas à l'intervalle $[t_1, t_2]$ donc si :

$$\tau_0 \in [t_2 - (n+1)T, t_1 - nT[.$$

On a alors :

$$c_Y(t_1,t_2) = A^2 (\int_{t_2 - nT - T}^{t_1 - nT} \frac{1}{T} d\tau_0) = \frac{A^2 (T - \tau)}{T} .$$

Lorsque $t_1 > t_2$, le raisonnement appliqué précédemment, ainsi que les résultats, restent les mêmes en intervertissant les instants t_1 et t_2 dans les bornes d'intégration. La variable τ est alors négative et on a :

$\tau < -T$ $\qquad c_Y(t_1,t_2) = 0 .$

$0 > \tau > -T$ $\qquad c_Y(t_1,t_2) = \dfrac{A^2 (T + \tau)}{T} .$

En définitive, la fonction d'autocorrélation de Y peut s'écrire sous la forme suivante :

$$\begin{cases} c_Y(t_1,t_2) = \dfrac{A^2 (T - |\tau|)}{T} & |\tau| < T \\ c_Y(t_1,t_2) = 0 \quad |\tau| < T \end{cases}$$

On peut donc l'écrire sous la forme :

$$c_Y(t_1,t_2) = c_Y(t_2 - t_1 = \tau) \quad \forall \tau \in \Re ,$$

et le signal Y est stationnaire à l'ordre 2.

5. *Détermination et tracé de la densité spectrale de puissance de Y(t) dans le cas de la question 4.*

Le signal Y étant stationnaire à l'ordre 2, sa densité spectrale de puissance est égale à la transformée de Fourier de sa fonction d'autocorrélation $c_Y(\tau)$.

D'après la question 4, celle-ci est égale à la fonction triangle dont la transformée de Fourier est égale à :

$$X(\nu) = A^2 T^2 (\frac{\sin(\pi\nu T)}{\pi\nu T})^2 .$$

Cette densité spectrale de puissance est représentée dans la figure 2.5 pour $A = 1$ et $T = 1$.

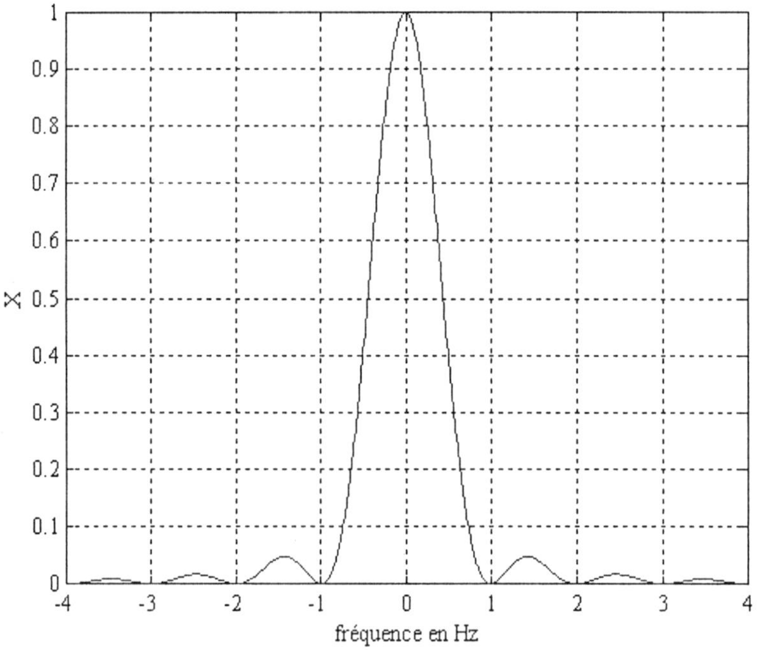

Figure 2.5 : Densité spectrale de puissance du signal NRZ.

■ Corrigé de l'exercice 5

Par définition, la matrice d'autocorrélation du vecteur **x** est égale à :

$$\Gamma_{\mathbf{x}} = E[\mathbf{x}\mathbf{x}^T] - E[\mathbf{x}]E[\mathbf{x}]^T.$$

Le vecteur **x** étant de moyenne nulle, on a immédiatement :

$$E[\mathbf{x}] = \begin{bmatrix} E[x_1] \\ E[x_2] \\ \ldots \\ E[x_n] \end{bmatrix} = \begin{bmatrix} 0 \\ 0 \\ \ldots \\ 0 \end{bmatrix} = \mathbf{0},$$

$$E[\mathbf{x}]^T = [E[x_1], E[x_2], \ldots, E[x_n]] = [0,0,\ldots,0] = \mathbf{0}^T.$$

$\Gamma_{\mathbf{x}}$ est donc simplement égale à :

$$\Gamma_{\mathbf{x}} = E[\mathbf{x}\mathbf{x}^T] = \begin{bmatrix} E[x_1^2] & E[x_1x_2] & E[x_1x_3] & \ldots & E[x_1x_n] \\ E[x_2x_1] & E[x_2^2] & E[x_1x_2] & \ldots & E[x_2x_n] \\ \ldots & \ldots & \ldots & \ldots & \ldots \\ E[x_{n-1}x_1] & E[x_{n-1}x_2] & E[x_{n-1}x_3] & \ldots & E[x_{n-1}x_n] \\ E[x_nx_1] & E[x_nx_2] & E[x_nx_3] & \ldots & E[x_n^2] \end{bmatrix}.$$

Cependant, les variables aléatoires étant indépendantes, on a :

$$E[x_ix_j] = E[x_i]E[x_j] = 0 \text{ si } i \neq j.$$

On a donc finalement :

$$\Gamma_{\mathbf{x}} = \begin{bmatrix} \sigma^2 & 0 & \ldots & 0 \\ 0 & \sigma^2 & \ldots & 0 \\ \ldots & \ldots & \ldots & \ldots \\ 0 & \ldots & 0 & \sigma^2 \end{bmatrix} = \sigma^2\mathbf{I}_N.$$

■ Corrigé de l'exercice 6

Regroupons les N échantillons du signal $x(t)$ dans le vecteur **x** :

$$\mathbf{x} = [x(0), x(1), \ldots, x(N-1)]^T \equiv [x_0, x_1, \ldots, x_{N-1}]^T.$$

D'après l'énoncé, la fonction d'autocorrélation entre deux instants *x(p)* et *x(q)* ($(p,q) \in \{0,1,\ldots,N-1\}^2$) est égale à :

$$\gamma_x(|p-q|) = E[x_p x_q] - m^2 = \sigma^2 e^{-|p-q|}.$$

Par définition, la matrice d'autocorrélation $\Gamma_{\mathbf{x}}$ du vecteur x est égale à :

$$\Gamma_{\mathbf{x}} = \begin{bmatrix} E[x_1^2]-m^2 & E[x_1x_2]-m^2 & E[x_1x_3]-m^2 & \ldots & E[x_1x_n]-m^2 \\ E[x_2x_1]-m^2 & E[x_2^2]-m^2 & E[x_1x_2]-m^2 & \ldots & E[x_2x_n]-m^2 \\ \ldots & \ldots & \ldots & \ldots & \ldots \\ E[x_{n-1}x_1]-m^2 & E[x_{n-1}x_2]-m^2 & E[x_{n-1}x_3]-m^2 & \ldots & E[x_{n-1}x_n]-m^2 \\ E[x_nx_1]-m^2 & E[x_nx_2]-m^2 & E[x_nx_3]-m^2 & \ldots & E[x_n^2]-m^2 \end{bmatrix}$$

$$\Gamma_{\mathbf{x}} = \sigma^2 \begin{bmatrix} 1 & e^{-1} & e^{-2} & \ldots & e^{-(N-1)} \\ e^{-1} & 1 & e^{-1} & \ldots & e^{-(N-2)} \\ \ldots & \ldots & \ldots & \ldots & \ldots \\ e^{-(N-2)} & e^{-(N-3)} & e^{-(N-4)} & \ldots & e^{-1} \\ e^{-(N-1)} & e^{-(N-2)} & e^{-(N-3)} & \ldots & 1 \end{bmatrix}$$

3

ESTIMATEURS ISSUS DE L'APPROCHE CLASSIQUE

RAPPELS THÉORIQUES

3.1 Biais et variance d'un estimateur

Soit $\hat{\theta}(\mathbf{x})$ un estimateur d'un paramètre θ :

$$\theta = [\theta_1, \ldots, \theta_p]^T,$$

$$\hat{\theta}(\mathbf{x}) = [\hat{\theta}_1(\mathbf{x}), \ldots, \hat{\theta}_p(\mathbf{x})]^T.$$

On suppose, dans tout ce chapitre, que l'on se place dans le cadre de l'approche classique, et donc que θ est de nature déterministe. On appelle **biais** d'un estimateur issu de l'approche classique la fonction $B(\hat{\theta})$ définie par :

$$B(\hat{\theta}) = E[\hat{\theta}(\mathbf{x})] - \theta.$$

Le biais mesure la différence entre la moyenne des réalisations de l'estimateur et la véritable valeur du paramètre à estimer. Pour obtenir un estimateur de bonne qualité, il faut que cette différence soit la plus faible possible. Ceci revient à chercher, pour un modèle de mesure donné, un estimateur sans biais quelle que soit la valeur du paramètre à estimer.

Cependant, ce critère de performance d'un estimateur est insuffisant. En effet, si pour un estimateur donné, le biais est nul, mais que les fluctuations de la variable aléatoire $\hat{\theta}(\mathbf{x})$ autour de sa valeur moyenne sont importantes, il est clair que cet estimateur est peu précis. Il est donc raisonnable de rechercher un estimateur dont les fluctuations sont faibles. On introduit alors un deuxième critère de performance permettant de mesurer ces fluctuations : la variance $V(\hat{\theta}_i)$ de chacune des composantes $\hat{\theta}_i(\mathbf{x})$ de $\hat{\theta}(\mathbf{x})$. Lorsque le paramètre à estimer est un vecteur, ces variances sont obtenues en « lisant » la diagonale principale de la matrice d'autocorrélation de $\hat{\theta}(\mathbf{x})$:

$$\Gamma_{\hat{\theta}} = E[\hat{\theta}(\mathbf{x})\hat{\theta}(\mathbf{x})^T] - E[\hat{\theta}(\mathbf{x})]E[\hat{\theta}(\mathbf{x})^T].$$

3.2 Comment définir les performances limites d'un estimateur ?

Dans un problème de détermination d'estimateur, il est intéressant de connaître avant sa conception les performances optimales auxquelles on peut prétendre. En ce qui concerne le biais, l'optimum est trivial : la borne minimale à atteindre est zéro. De même, on cherche pour la variance une borne minimale qui servira de référence. Cette borne minimale dépend de la modélisation des phénomènes aléatoires intrinsèques à tout problème de conception d'estimateur.

De ce fait, il existe plusieurs bornes, chacune s'appliquant à une classe de modélisation aléatoire. La plus connue et la plus simple à démontrer est la borne de **Cramer-Rao**.

3.2.1 Borne de Cramer-Rao et estimateur sans biais à variance minimale pour un paramètre à estimer scalaire

On suppose que la densité de probabilité $p(\mathbf{x};\theta)$ satisfait la condition :

$$E[\frac{\partial \ln(p(\mathbf{x};\theta))}{\partial \theta}] = 0 \quad \text{pour toute valeur de } \theta .$$

Alors, la variance de tout estimateur non biaisé de θ est telle que :

$$V(\hat{\theta}) \geq \frac{1}{I(\theta)} \quad \text{avec } I(\theta) = -E[\frac{\partial^2 \ln(p(\mathbf{x};\theta))}{\partial \theta^2}].$$

$I(\theta)$ s'appelle **l'information de Fisher** et son inverse **la borne de Cramer-Rao**. On peut alors montrer qu'il est possible de trouver un estimateur sans biais qui atteigne cette borne (c'est-à-dire un estimateur **sans biais à variance minimale**) si et seulement si :

$$\frac{\partial \ln(p(\mathbf{x};\theta))}{\partial \theta} = I(\theta)(f(\mathbf{x}) - \theta) .$$

On a alors $\hat{\theta}(\mathbf{x}) = f(\mathbf{x})$ et $V(\hat{\theta}) = (I(\theta))^{-1}$. Étant donnée l'importance de cette borne, sa démonstration est donnée en annexe de ce chapitre, p. 40.

Un estimateur sans biais à variance minimale qui atteint la borne de Cramer-Rao est dit **efficace**. On dit qu'un estimateur est **asymptotiquement efficace** s'il est efficace lorsque le nombre de mesures tend vers l'infini.

3.2.2 Cas d'un vecteur de paramètres à estimer

Le paramètre à estimer est un vecteur θ égal à :

$$\theta = [\theta_1, \ldots, \theta_p]^T .$$

On suppose que la densité de probabilité $p(\mathbf{x};\theta)$ satisfait la condition :

$$E[\frac{\partial \ln(p(\mathbf{x};\theta))}{\partial \theta}] = \mathbf{0} \quad \text{pour toute valeur de } \theta .$$

Soit alors $\mathbf{I}(\theta)$ la matrice dont le coefficient situé à la ligne i et à la colonne j est égale à :

$$[\mathbf{I}(\theta)]_{i,j} = -E[\frac{\partial^2 \ln(p(\mathbf{x};\theta))}{\partial \theta_i \partial \theta_j}] .$$

$\mathbf{I}(\theta)$ s'appelle la **matrice d'information de Fisher**. Alors, la matrice d'autocorrélation de tout estimateur non biaisé de θ est telle que la matrice :

$$\Gamma_{\hat{\theta}} - (\mathbf{I}(\theta))^{-1}$$

est définie non négative. Dans ces conditions, les éléments diagonaux d'une telle matrice étant nécessairement non négatifs, la variance $V(\hat{\theta}_i)$ de tout estimateur $\hat{\theta}_i(\mathbf{x})$ est telle que :

$$V(\hat{\theta}_i) \geq [(\mathbf{I}(\theta))^{-1}]_{i,i} .$$

On peut alors montrer qu'il est possible de trouver un estimateur sans biais qui atteint cette borne (c'est-à-dire un estimateur **efficace**) si et seulement si :

$$\frac{\partial \ln(p(\mathbf{x};\theta))}{\partial \theta} = \mathbf{I}(\theta)(f(\mathbf{x}) - \theta) .$$

On a alors :

$$\hat{\theta}(\mathbf{x}) = f(\mathbf{x}) , \ \Gamma_{\hat{\theta}} = (\mathbf{I}(\theta))^{-1} \ \text{et} \ V(\hat{\theta}_i) = [(\mathbf{I}(\theta))^{-1}]_{i,i} .$$

Lorsque $\theta = [\theta_1]$, on retrouve bien sûr le même énoncé qu'au paragraphe précédent.

Remarque *: Pour un problème d'estimation donné, il se peut que la borne de Cramer-Rao ne soit pas atteignable. Cela ne veut pas pour autant dire qu'il n'existe pas d'estimateur sans biais à variance minimale. Les statistiques suffisantes décrites au paragraphe 3.4 sont alors un moyen de déterminer cet estimateur.*

3.2.3 Estimation d'une fonction de paramètres

Supposons que l'on cherche à estimer non pas θ mais une fonction $f(\theta)$ avec, dans le cas général θ, un vecteur de dimension p et f une fonction vectorielle de dimension r :

$$f(\theta) = [f_1(\theta),\ldots,f_r(\theta)]^T .$$

On appelle $\mathbf{J}_f$ la matrice jacobienne de la fonction f. Le problème consiste à estimer le paramètre vectoriel $\alpha = f(\theta)$ et l'on recherche les performances limites de tout estimateur $\hat{\alpha}(\mathbf{x})$ de α. Comme précédemment, on suppose que la densité de probabilité $p(\mathbf{x};\theta)$ satisfait la condition:

$$E[\frac{\partial \ln(p(\mathbf{x};\theta))}{\partial\theta}] = \mathbf{0} \text{ pour toute valeur de } \theta .$$

Alors, la matrice de corrélation $\Gamma_{\hat{\alpha}}$ de tout estimateur non biaisé de α est telle que la matrice :

$$\Gamma_{\hat{\alpha}} - \mathbf{J}_f \mathbf{I}(\theta)^{-1}\mathbf{J}_f^T$$

est définie non négative. Les résultats du paragraphe précédent restent valables en remplaçant $\mathbf{I}(\theta)$ par :

$$\mathbf{J}_f \mathbf{I}(\theta)^{-1}\mathbf{J}_f^T .$$

3.3 Modèle de mesure linéaire

On appelle modèle de mesure linéaire un modèle de mesure de la forme :

$$\mathbf{x} = \mathbf{H}\theta + \mathbf{b} ,$$

avec $\mathbf{H}$ une matrice connue, de dimension $N \times p$, appelée **matrice d'observation**. On impose au vecteur bruit d'être gaussien, de moyenne nulle et de matrice d'autocorrélation $\Gamma_\mathbf{b}$. La densité de probabilité du vecteur $\mathbf{b}$ est donc égale à :

$$p(\mathbf{b}) = (2\pi \det(\Gamma_\mathbf{b})^N)^{\frac{-N}{2}} e^{\frac{-\mathbf{b}^T\Gamma_\mathbf{b}^{-1}\mathbf{b}}{2}} ,$$

et la densité de probabilité du vecteur $\mathbf{x}$ paramétrée par θ, $p(\mathbf{x};\theta)$, est donc égale à :

$$p(\mathbf{x};\theta)=(2\pi\det(\Gamma_{\mathbf{b}})^N)^{\frac{-N}{2}}e^{\frac{-(\mathbf{x}-\mathbf{H}\theta)^T\Gamma_{\mathbf{b}}^{-1}(\mathbf{x}-\mathbf{H}\theta)}{2}}.$$

Appliquons alors les résultats précédents et calculons $\ln(p(\mathbf{x};\theta))$:

$$\ln(p(\mathbf{x};\theta))=-\frac{N}{2}\ln(2\pi\det(\Gamma_{\mathbf{b}})^N)-\frac{(\mathbf{x}^T-\theta^T\mathbf{H}^T)\Gamma_{\mathbf{b}}^{-1}(\mathbf{x}-\mathbf{H}\theta)}{2}.$$

On développe cette expression en tenant compte que $(\mathbf{x}^T\Gamma_{\mathbf{b}}^{-1}\mathbf{H}\theta)$ est un scalaire (donc égal à son transposé) et que la matrice $\Gamma_{\mathbf{b}}$, étant une matrice d'autocorrélation, est symétrique et son inverse aussi.

On obtient :

$$\ln(p(\mathbf{x};\theta))=-\frac{N}{2}\ln(2\pi\det(\Gamma_{\mathbf{b}})^N)-\frac{\mathbf{x}^T\Gamma_{\mathbf{b}}^{-1}\mathbf{x}-2\mathbf{x}^T\Gamma_{\mathbf{b}}^{-1}\mathbf{H}\theta+\theta^T\mathbf{H}^T\Gamma_{\mathbf{b}}^{-1}\mathbf{H}\theta}{2}.$$

En utilisant les règles de dérivation vectorielles suivantes :

$$\frac{\partial\mathbf{b}^T\theta}{\partial\theta}=\mathbf{b}\quad\text{et}\quad\frac{\partial\theta^T\mathbf{A}\theta}{\partial\theta}=2\mathbf{A}\theta,$$

on déduit immédiatement de cette dernière expression :

$$\frac{\partial(\ln(p(\mathbf{x};\theta)))}{\partial\theta}=\mathbf{H}^T\Gamma_{\mathbf{b}}^{-1}\mathbf{x}-\mathbf{H}^T\Gamma_{\mathbf{b}}^{-1}\mathbf{H}\theta.$$

Si l'on suppose alors que $\mathbf{H}^T\Gamma_{\mathbf{b}}^{-1}\mathbf{H}$ est inversible, on peut écrire que :

$$\frac{\partial(\ln(p(\mathbf{x};\theta)))}{\partial\theta}=\mathbf{H}^T\Gamma_{\mathbf{b}}^{-1}\mathbf{H}((\mathbf{H}^T\Gamma_{\mathbf{b}}^{-1}\mathbf{H})^{-1}\mathbf{H}^T\Gamma_{\mathbf{b}}^{-1}\mathbf{x}-\theta).$$

Par conséquent, lorsque le modèle de mesure est linéaire, il existe un estimateur sans biais à variance minimale défini par :

$$\hat{\theta}(\mathbf{x})=(\mathbf{H}^T\Gamma_{\mathbf{b}}^{-1}\mathbf{H})^{-1}\mathbf{H}^T\Gamma_{\mathbf{b}}^{-1}\mathbf{x}.$$

Sa matrice d'autocorrélation (réduite à sa variance dans le cas scalaire) est égale à :

$$\Gamma_{\hat{\theta}}=(\mathbf{H}^T\Gamma_{\mathbf{b}}^{-1}\mathbf{H})^{-1}.$$

De plus, comme le bruit est gaussien, on peut également montrer que $\hat{\theta}(\mathbf{x})$ est un vecteur aléatoire gaussien de moyenne θ, et puisque l'estimateur est sans biais, sa matrice d'autocorrélation est celle de l'estimateur.

3.4 Estimateur sans biais à variance minimale et statistiques suffisantes

On appelle statistique toute fonction $T(\mathbf{x})$ (vectorielle si le paramètre à estimer est un vecteur) des composantes du vecteur de mesure $\mathbf{x}$. Par exemple :

$$\sum_{n=0}^{N-1} x(n)$$

est une statistique. Soit $\mathbf{x}$ un vecteur de mesure donné, on dit qu'une statistique $T(\mathbf{x})$ est **suffisante** si la connaissance de tout autre statistique ou ensemble de statistiques n'apporte aucune information supplémentaire sur θ et ne permet donc pas de mieux l'estimer. En quelque sorte, $T(\mathbf{x})$ résume toute l'information disponible sur θ à partir des composantes individuelles de $\mathbf{x}$. Ceci signifie, entre autre, que la densité de probabilité $p(\mathbf{x}|T(\mathbf{x});\theta)$ ne dépend plus de θ. En effet, si tel était encore le cas, cela signifierait que certaines valeurs de $\mathbf{x}$ apportent encore de l'information sur θ, ce qui est contradictoire avec la définition de suffisance. Le théorème de Neyman-Fisher permet de savoir si une statistique est suffisante.

Théorème de Neyman Fisher. $T(\mathbf{x})$ est une statistique suffisante pour l'estimation de θ si et seulement si $p(\mathbf{x};\theta)$ peut se mettre sous la forme : $p(\mathbf{x};\theta) = g(T(\mathbf{x}),\theta)h(\mathbf{x})$.

Remarque *: il peut y avoir plusieurs statistiques suffisantes.*

Les statistiques suffisantes sont intéressantes, car elles peuvent permettre de déterminer un estimateur sans biais à variance minimale.

Théorème de Rao-Blackwell-Lehmann-Sheffe. Si $\hat{\theta}_1(\mathbf{x})$ est un estimateur non biaisé de θ et si $T(\mathbf{x})$ est une statistique suffisante, alors l'estimateur : $\hat{\theta}(\mathbf{x}) = E[\hat{\theta}_1(\mathbf{x})|T(\mathbf{x})]$
est un estimateur non biaisé dont l'expression ne dépend pas de θ et dont la variance est inférieure ou égale à celle de $\hat{\theta}_1(\mathbf{x})$. De plus, si la statistique suffisante $T(\mathbf{x})$ est complète, c'est-à-dire qu'il existe une unique fonction de $T(\mathbf{x})$ qui est non biaisée, alors l'estimateur $\hat{\theta}(\mathbf{x})$ est un estimateur sans biais à variance minimale.

La principale difficulté liée à l'utilisation de cette méthode est de montrer qu'une statistique suffisante est complète. Cette démonstration peut être complexe.

3.5 Estimateur linéaire sans biais à variance minimale

En pratique, il arrive couramment que l'estimateur sans biais à variance minimale ne puisse pas être déterminé, même s'il existe. On cherche alors un estimateur sous-optimal mais dont la variance sera suffisante pour résoudre un problème donné. Une approche usuelle consiste à imposer à l'estimateur d'être linéaire par rapport aux mesures.

3.5.1 Cas d'un scalaire à estimer

On impose à la fonction $\hat{\theta}(\mathbf{x})$ d'être de la forme :

$$\hat{\theta}(\mathbf{x}) = \sum_{n=0}^{N-1} a_n x(n) = \mathbf{a}^T \mathbf{x} ,$$

où le vecteur $\mathbf{a} = [a_0, \ldots, a_{N-1}]^T$ est un vecteur constant à déterminer de sorte que l'estimateur soit sans biais et à variance minimale. Lorsque les mesures vérifient la propriété :

$$E[x(n)] = s(n)\theta ,$$

avec $s(n)$ un signal connu, on peut déterminer la forme générale de l'estimateur linéaire sans biais à variance minimale.

Afin de déterminer cet estimateur, on pose :

$$\mathbf{s}^T = [s(0), \ldots, s(N-1)] .$$

Puisque l'estimateur recherché est sans biais, il doit vérifier :

$$E[\hat{\theta}(\mathbf{x})] = E[\mathbf{a}^T \mathbf{x}] = \mathbf{a}^T E[\mathbf{x}] = \mathbf{a}^T \mathbf{s}\theta = \theta ,$$

c'est-à-dire :

$$\mathbf{a}^T \mathbf{s} = 1 .$$

On obtient ainsi une première condition sur les coefficients de l'estimateur. Une seconde condition est obtenue par minimisation de la variance. Par définition de la variance et puisque le paramètre à estimer est un scalaire, on peut écrire :

$$V(\hat{\theta}) = E[(\mathbf{a}^T \mathbf{x} - \mathbf{a}^T E[\mathbf{x}])(\mathbf{a}^T \mathbf{x} - \mathbf{a}^T E[\mathbf{x}])^T] = \mathbf{a}^T E[(\mathbf{x} - E[\mathbf{x}])(\mathbf{x} - E[\mathbf{x}])^T]\mathbf{a} .$$

Appelons alors $\Gamma_\mathbf{x}$ la matrice d'autocorrélation du vecteur $\mathbf{x}$. Il vient immédiatement que :

$$V(\hat{\theta}) = \mathbf{a}^T \Gamma_\mathbf{x} \mathbf{a} .$$

Nous supposons que la matrice Γ_x est inversible. Elle est donc définie positive et la quantité $\mathbf{u}^T\Gamma_x\mathbf{v}$ définit alors un produit scalaire entre les vecteurs **u** et **v**. L'inégalité de Schwarz appliquée à ce produit scalaire s'écrit :

$$(\mathbf{u}^T\Gamma_\mathbf{x}\mathbf{v})^2 \leq (\mathbf{u}^T\Gamma_\mathbf{x}\mathbf{u})(\mathbf{v}^T\Gamma_\mathbf{x}\mathbf{v}) .$$

Si l'on applique cette formule en posant $\mathbf{u} = \mathbf{a}$ et $\mathbf{v} = \Gamma_\mathbf{x}^{-1}\mathbf{s}$, il vient immédiatement que :

$$V(\hat{\theta}) \geq \frac{(\mathbf{a}^T\mathbf{s})^2}{(\mathbf{s}^T\Gamma_\mathbf{x}^{-1}\mathbf{s})} .$$

Minimiser cette variance revient donc à transformer l'inégalité précédente en une égalité.

Cela revient à transformer l'inégalité de Schwarz en une égalité. Une condition nécessaire et suffisante est que $\mathbf{u} = c\mathbf{v}$ (c étant une constante). Appliquée à notre cas, cette condition s'écrit :

$$\mathbf{a} = c\Gamma_\mathbf{x}^{-1}\mathbf{s} .$$

Pour déterminer la constante c, il suffit d'exprimer que celle-ci doit être telle que la condition issue du biais doit être satisfaite :

$$\mathbf{a}^T\mathbf{s} = c\mathbf{s}^T\Gamma_\mathbf{x}^{-1}\mathbf{s} = 1 ,$$

et que donc :

$$c = \frac{1}{\mathbf{s}^T\Gamma_\mathbf{x}^{-1}\mathbf{s}} .$$

En définitive, l'estimateur recherché est égal à :

$$\hat{\theta}(\mathbf{x}) = \left(\frac{\mathbf{s}^T\Gamma_\mathbf{x}^{-1}}{\mathbf{s}^T\Gamma_\mathbf{x}^{-1}\mathbf{s}}\right)\mathbf{x} ,$$

et sa variance est égale à :

$$V(\hat{\theta}) = \frac{1}{(\mathbf{s}^T\Gamma_\mathbf{x}^{-1}\mathbf{s})} .$$

3.5.2 Cas d'un vecteur à estimer

Lorsque le paramètre à estimer est un vecteur, on cherche un estimateur de la forme :

$$\hat{\boldsymbol{\theta}}(\mathbf{x}) = \mathbf{A}\mathbf{x} ,$$

avec $\mathbf{A}$ une matrice constante à déterminer de sorte que l'estimateur soit sans biais et à variance minimale.

Lorsque les mesures vérifient la propriété :

$$E[\mathbf{x}] = \mathbf{H}\theta ,$$

avec $\mathbf{H}$ une matrice connue, on peut déterminer la forme générale de l'estimateur linéaire sans biais à variance minimale. Celle-ci s'écrit :

$$\hat{\theta}(\mathbf{x}) = (\mathbf{H}^T\Gamma_{\mathbf{x}}^{-1}\mathbf{H})^{-1}\mathbf{H}^T\Gamma_{\mathbf{x}}^{-1}\mathbf{x} .$$

La matrice de corrélation de cet estimateur est égale à :

$$\Gamma_{\hat{\theta}} = (\mathbf{H}^T\Gamma_{\mathbf{x}}^{-1}\mathbf{H})^{-1} .$$

On remarque que la forme de cet estimateur est la même que celle de l'estimateur sans biais à variance minimale pour un modèle de mesure linéaire (puisque dans ce cas, la matrice de corrélation du bruit est la même que celle de $\mathbf{x}$). Il faut pourtant bien faire la différence entre les deux. Si le modèle de mesure n'est pas linéaire, on ne sait pas si l'estimateur linéaire possède des performances optimales. On sait seulement que, dans la classe des estimateurs linéaires, il est optimal. Par contre, si le modèle de mesure est linéaire alors l'estimateur optimal est l'estimateur linéaire.

3.6 Estimateur du maximum de vraisemblance

Soit $\mathbf{x}$ un vecteur de mesures **connues**. Dans ces conditions, la fonction $p(\mathbf{x};\theta)$ ne dépend que de la variable θ et s'appelle la **vraisemblance**. On peut déterminer un estimateur de θ en cherchant à maximiser cette vraisemblance. Une justification qualitative de cet estimateur va être donnée dans les lignes qui suivent.

3.6.1 Expression générale de l'estimateur

On appelle I_0 un intervalle de largeur $\Delta\mathbf{x}_0$ centré sur une valeur $\mathbf{x}_0$. La probabilité que la mesure $\mathbf{x}$ appartienne à l'intervalle I_0 est égale à :

$$\Pr(\mathbf{x}_0, \Delta\mathbf{x}_0, \theta) = \int_{\mathbf{x}_0-\frac{\Delta\mathbf{x}_0}{2}}^{\mathbf{x}_0+\frac{\Delta\mathbf{x}_0}{2}} p(\mathbf{x};\theta)d\mathbf{x} = \int_0^{\mathbf{x}_0+\frac{\Delta\mathbf{x}_0}{2}} p(\mathbf{x};\theta)d\mathbf{x} - \int_0^{\mathbf{x}_0-\frac{\Delta\mathbf{x}_0}{2}} p(\mathbf{x};\theta)d\mathbf{x} .$$

On effectue un développement limité du premier ordre de chacune de ces intégrales fonctions de leur borne supérieure :

$$\Pr(\mathbf{x}_0, \Delta\mathbf{x}_0, \theta) \approx \int_0^{\mathbf{x}_0} p(\mathbf{x};\theta)d\mathbf{x} + p(\mathbf{x}_0;\theta)\frac{\Delta\mathbf{x}_0}{2} - \int_0^{\mathbf{x}_0} p(\mathbf{x};\theta)d\mathbf{x} + p(\mathbf{x}_0;\theta)\frac{\Delta\mathbf{x}_0}{2},$$

$$\Pr(\mathbf{x}_0, \Delta\mathbf{x}_0, \theta) = p(\mathbf{x}_0;\theta)\Delta\mathbf{x}_0 .$$

Supposons alors que $\mathbf{x}_0$ a bien été observé. Dans ce cas, la fonction $\Pr(\mathbf{x}_0, \Delta\mathbf{x}_0, \theta)$ ne dépend plus que de $\Delta\mathbf{x}_0$ et de θ. De plus, on peut raisonnablement penser que, si cette valeur est apparue, c'est parce que sa probabilité d'apparition est la plus grande et ce, quel que soit $\Delta\mathbf{x}_0$.

Par conséquent, on recherche θ qui maximise $p(\mathbf{x}_0;\theta)$ et on choisit comme estimateur $\hat{\theta}(\mathbf{x}_0)$ cette valeur de θ. Cela revient à chercher les solutions de l'équation :

$$\left.\frac{\partial p(\mathbf{x}_0;\theta)}{\partial\theta}\right|_{\theta=\hat{\theta}(\mathbf{x}_0)} = 0 .$$

L'estimateur du maximum de vraisemblance possède un certain nombre de propriétés qui en font un estimateur très utilisé. Tout d'abord, sa détermination est simple. De plus, si un estimateur efficace existe, alors la procédure de recherche d'estimateur par maximum de vraisemblance le produira. Enfin, dans le cas général, cet estimateur est asymptotiquement efficace.

3.6.2 Cas du modèle de mesure linéaire

Appliquons cette méthode de recherche d'estimateur au cas du modèle de mesure linéaire. On a déjà vu que, dans ce cas :

$$p(\mathbf{x};\theta) = (2\pi\det(\Gamma_\mathbf{b})^N)^{\frac{-N}{2}} e^{\frac{-(\mathbf{x}-\mathbf{H}\theta)^T\Gamma_\mathbf{b}^{-1}(\mathbf{x}-\mathbf{H}\theta)}{2}} .$$

On cherche donc à maximiser la vraisemblance. On peut le faire directement sur cette expression mais on préférera, quand c'est possible, simplifier les calculs en cherchant à optimiser une fonction strictement monotone de la vraisemblance. Dans le cas de la densité normale, cette fonction est le logarithme népérien et on cherche alors à maximiser la log-vraisemblance :

$$\ln(p(\mathbf{x};\theta)) = -\frac{N}{2}\ln(2\pi\det(\Gamma_\mathbf{b})^N) - \frac{(\mathbf{x}^T - \theta^T\mathbf{H}^T)\Gamma_\mathbf{b}^{-1}(\mathbf{x}-\mathbf{H}\theta)}{2} .$$

Nous avons déjà vu au paragraphe 3.3 que :

$$\frac{\partial[\ln(p(\mathbf{x};\theta))]}{\partial\theta} = \mathbf{H}^T\Gamma_{\mathbf{b}}^{-1}\mathbf{x} - \mathbf{H}^T\Gamma_{\mathbf{b}}^{-1}\mathbf{H}\theta$$

En supposant que la matrice $H^T\Gamma_b^{-1}H$ est inversible, l'estimateur du maximum de vraisemblance est donc déterminé par :

$$\hat{\theta}(\mathbf{x}) = (\mathbf{H}^T\Gamma_{\mathbf{b}}^{-1}\mathbf{H})^{-1}\mathbf{H}^T\Gamma_{\mathbf{b}}^{-1}\mathbf{x}.$$

On retrouve bien l'estimateur sans biais à variance minimale.

3.7 Estimateur des moindres carrés

Jusqu'à ce point, la détermination des estimateurs a nécessité une connaissance probabiliste explicite de la mesure (densité de probabilité ou matrice d'auto-corrélation, par exemple). Il n'est pas toujours possible, dans un premier temps du moins, de disposer de cette connaissance qui nécessite une étude statistique des perturbations agissant sur le système. Dans ce contexte, l'approche par la méthode des moindres carrés permet de donner une solution au problème d'estimation.

Le principal avantage de cette méthode est sa simplicité d'implémentation. Son principal inconvénient est que, puisqu'on ne tient compte d'aucune connaissance de nature probabiliste sur les perturbations, on ne peut pas définir de façon analytique les performances d'un tel estimateur. Par conséquent, aucune conclusion en terme d'optimalité ne peut être donnée.

3.7.1 Expression générale de l'estimateur

L'approche de type moindres carrés est la suivante. On suppose que la mesure $x(n)$ est reliée au paramètre cherché par une relation du type :

$$x(n) = f(s(n;\theta), b(n)),$$

avec f une fonction inconnue et $s(n;\theta)$ un signal déterministe dépendant du paramètre (ou vecteur de paramètres) inconnu θ. $s(n;\theta)$ est généralement la fonction de θ que l'on veut mesurer.

Elle peut, par exemple, être obtenue à partir des lois de la physique. On appelle $\varepsilon(n;\theta)$ l'erreur entre $x(n)$ et $s(n;\theta)$:

$$\varepsilon(n;\theta) = x(n) - s(n;\theta),$$

et l'on pose $\mathbf{s}(\theta) = [s(0;\theta),..., s(N-1;\theta)]^T$. L'estimateur des moindres carrés est égal à la valeur de θ qui minimise l'expression $J(\theta)$ suivante :

$$J(\theta) = \sum_{n=0}^{N-1} \varepsilon(n;\theta)^2 = (\mathbf{x} - \mathbf{s}(\theta))^T (\mathbf{x} - \mathbf{s}(\theta)) .$$

On a donc :
$$\left.\frac{\partial J(\theta)}{\partial \theta}\right|_{\theta=\hat{\theta}(\mathbf{x})} = 0 .$$

3.7.2 Cas d'une relation linéaire entre paramètre à estimer et signal mesuré

Lorsque l'expression liant le vecteur **s** et le vecteur θ est de la forme :

$$\mathbf{s} = \mathbf{H}\theta ,$$

avec **H** une matrice connue, alors on peut déterminer la forme générale de l'estimateur des moindres carrés.

En effet, le critère $J(\theta)$ s'écrit alors :

$$J(\theta) = (\mathbf{x} - \mathbf{H}\theta)^T (\mathbf{x} - \mathbf{H}\theta) = \mathbf{x}\mathbf{x}^T - 2\mathbf{x}^T \mathbf{H}\theta + \theta^T \mathbf{H}^T \mathbf{H}\theta .$$

En appliquant la définition de l'estimateur des moindres carrés, on obtient immédiatement que :

$$\hat{\theta}(\mathbf{x}) = (\mathbf{H}^T \mathbf{H})^{-1} \mathbf{H}^T \mathbf{x} .$$

On remarque que cette expression est la même que celle de l'estimateur sans biais à variance minimale lorsque le modèle de mesure est linéaire et que le bruit possède une matrice d'autocorrélation égale à l'identité. Il faut pourtant bien se garder de conclure à l'identité des estimateurs car les hypothèses initiales sont différentes et si les performances de ce dernier sont parfaitement connues, les performances de l'estimateur des moindres carrés ne le sont pas.

3.7.3 Estimateur des moindres carrés récurrents

Plaçons nous dans le cas où l'on a réalisé l'estimation du paramètre θ à partir d'un vecteur de mesure $\mathbf{x}_N = [x(0), x(1),..., x(N-1)]^T$ et que l'on désire réaliser l'estimation à partir du vecteur $\mathbf{x}_{N+1}$. En supposant que l'on ait déterminé une forme explicite d'estimateur, il suffit de refaire avec $\mathbf{x}_{N+1}$ le calcul qui a été fait avec $\mathbf{x}_N$. Néanmoins, puisque $\mathbf{x}_N$ et $\mathbf{x}_{N+1}$ ne diffèrent que par une seule valeur de la mesure, la dernière, il serait peut-être intéressant d'utiliser le calcul déjà réalisé et de l'adapter avec la connaissance de cette nouvelle mesure. Une telle façon de faire serait alors d'autant plus intéressante que $\mathbf{x}_{N+1}$ possède une dimension de plus que $\mathbf{x}_N$ et que, vraisemblablement, les calculs nécessaires à l'estimation seront de plus en plus lourds au fur et à mesure que de nouvelles mesures seront disponibles. En se plaçant dans le cadre de l'estimation par les moindres carrés, ce problème peut être résolu de façon relativement simple lorsque le paramètre à estimer et la mesure sont reliés par la relation linéaire :

$$\mathbf{s}_N = \mathbf{H}_N \theta \quad \text{avec } \mathbf{H}_N = [\mathbf{h}_0, \mathbf{h}_1, ..., \mathbf{h}_{N-1}]^T .$$

En supposant que $\mathbf{H}_N^T \mathbf{H}_N$ est inversible, on a vu précédemment que l'estimateur des moindres carrés est de la forme :

$$\hat{\theta}_N(\mathbf{x}_N) = (\mathbf{H}_N^T \mathbf{H}_N)^{-1} \mathbf{H}_N^T \mathbf{x}_N = (\sum_{l=0}^{N-1} \mathbf{h}_l \mathbf{h}_l^T)^{-1} (\sum_{k=0}^{N-1} \mathbf{h}_k x(k)) .$$

Si l'on applique cette même formule à l'ordre *N+1*, il vient:

$$\hat{\theta}_{N+1}(\mathbf{x}_{N+1}) = (\sum_{l=0}^{N} \mathbf{h}_l \mathbf{h}_l^T)^{-1} (\sum_{k=0}^{N} \mathbf{h}_k x(k)) = (\sum_{l=0}^{N-1} \mathbf{h}_l \mathbf{h}_l^T + \mathbf{h}_N \mathbf{h}_N^T)^{-1} (\sum_{k=0}^{N-1} \mathbf{h}_k x(k) + \mathbf{h}_N x(N)) .$$

Appliquons le lemme d'inversion matricielle de Schur

$$(\mathbf{A} + \mathbf{BCD})^{-1} = \mathbf{A}^{-1} - \mathbf{A}^{-1}\mathbf{B}(\mathbf{C}^{-1} + \mathbf{DA}^{-1}\mathbf{B})^{-1}\mathbf{DA}^{-1} .$$

En posant : $\mathbf{A} = \sum_{l=0}^{N-1} \mathbf{h}_l \mathbf{h}_l^T = \mathbf{H}_N$, $\mathbf{B} = \mathbf{h}_N$, $\mathbf{C} = \mathbf{1}$ et $\mathbf{D} = \mathbf{h}_N^T$,

il vient immédiatement :

$$(\sum_{l=0}^{N-1} \mathbf{h}_l \mathbf{h}_l^T + \mathbf{h}_N \mathbf{h}_N^T)^{-1} = (\sum_{l=0}^{N-1} \mathbf{h}_l \mathbf{h}_l^T)^{-1} - ...$$

$$(\sum_{l=0}^{N} \mathbf{h}_l \mathbf{h}_l^T)^{-1} \mathbf{h}_N (1 + \mathbf{h}_N^T (\sum_{l=0}^{N} \mathbf{h}_l \mathbf{h}_l^T)^{-1} \mathbf{h}_N)^{-1} \mathbf{h}_N^T (\sum_{l=0}^{N} \mathbf{h}_l \mathbf{h}_l^T)^{-1} .$$

On pose : $$\mathbf{K}_N = (\sum_{l=0}^{N-1} \mathbf{h}_l \mathbf{h}_l^T)^{-1} .$$

Étant données les dimensions du problème, il vient :

$$\mathbf{K}_{N+1} = \mathbf{K}_N - \frac{\mathbf{K}_N \mathbf{h}_N \mathbf{h}_N^T \mathbf{K}_N}{(1+\mathbf{h}_N^T \mathbf{K}_N \mathbf{h}_N)},$$

et donc :
$$\mathbf{K}_{N+1}\mathbf{h}_N = \mathbf{K}_N \mathbf{h}_N - \frac{\mathbf{K}_N \mathbf{h}_N \mathbf{h}_N^T \mathbf{K}_N \mathbf{h}_N}{(1+\mathbf{h}_N^T \mathbf{K}_N \mathbf{h}_N)} = \frac{\mathbf{K}_N \mathbf{h}_N}{(1+\mathbf{h}_N^T \mathbf{K}_N \mathbf{h}_N)}.$$

Ces deux expressions permettent alors d'écrire :

$$\mathbf{K}_{N+1} = \mathbf{K}_N - \mathbf{K}_{N+1}\mathbf{h}_N \mathbf{h}_N^T \mathbf{K}_N .$$

Introduisons cette dernière expression dans l'égalité définissant $\hat{\theta}_{N+1}(\mathbf{x}_{N+1})$:

$$\hat{\theta}_{N+1}(\mathbf{x}_{N+1}) = \mathbf{K}_{N+1}(\mathbf{H}_N^T \mathbf{x}_N + \mathbf{h}_N x(N)),$$

$$\hat{\theta}_{N+1}(\mathbf{x}_{N+1}) = (\mathbf{K}_N - \mathbf{K}_{N+1}\mathbf{h}_N \mathbf{h}_N^T \mathbf{K}_N)(\mathbf{H}_N^T \mathbf{x}_N + \mathbf{h}_N x(N)),$$

$$\hat{\theta}_{N+1}(\mathbf{x}_{N+1}) = \mathbf{K}_N \mathbf{H}_N^T \mathbf{x}_N - \mathbf{K}_{N+1}\mathbf{h}_N \mathbf{h}_N^T \mathbf{K}_N \mathbf{H}_N^T \mathbf{x}_N + \mathbf{K}_{N+1}\mathbf{h}_N x(N)).$$

On obtient finalement :

$$\hat{\theta}_{N+1}(\mathbf{x}_{N+1}) = \hat{\theta}_N(\mathbf{x}_N) + \mathbf{K}_{N+1}\mathbf{h}_N (x(N) - \mathbf{h}_N^T \hat{\theta}_N(\mathbf{x}_N)),$$

qui permet bien de calculer $\hat{\theta}_{N+1}(\mathbf{x}_{N+1})$ à partir de l'estimation de $\hat{\theta}_N(\mathbf{x}_N)$. Le gain d'adaptation $\mathbf{K}_{N+1}\mathbf{h}_N$ étant calculé grâce à la formule :

$$\mathbf{K}_{N+1}\mathbf{h}_N = \frac{\mathbf{K}_N \mathbf{h}_N}{(1+\mathbf{h}_N^T \mathbf{K}_N \mathbf{h}_N)}.$$

On peut également simplement calculer le gain $\mathbf{K}_{N+1}$ grâce à la formule :

$$\mathbf{K}_{N+1} = \mathbf{K}_N - \frac{\mathbf{K}_N \mathbf{h}_N \mathbf{h}_N^T \mathbf{K}_N}{(1+\mathbf{h}_N^T \mathbf{K}_N \mathbf{h}_N)}.$$

Il reste à initialiser la récurrence. On peut pour cela attendre les premières mesures et calculer explicitement le gain :

$$\mathbf{K}_N = (\sum_{l=0}^{N} \mathbf{h}_l \mathbf{h}_l^T)^{-1}.$$

Cette méthode nécessite l'inversion d'une matrice (ce que l'on cherche à éviter) et, pour que cette matrice puisse être inversible, il faut que le nombre de mesures soit au moins égal au nombre de paramètres à estimer. On peut s'affranchir de ces problèmes en modifiant un peu la formule du gain, en choisissant :

$$\mathbf{K}_N = (\sum_{l=0}^{N} \mathbf{h}_l \mathbf{h}_l^T + \mu \mathbf{I}_N)^{-1}$$

avec μ un scalaire très petit (un peu plus grand que le plus petit nombre représentable en machine).

La formule d'adaptation du gain reste la même et on peut réaliser l'inversion très facilement dès la première étape puisque :

$$\mathbf{K}_1 = (\mathbf{h}_1 \mathbf{h}_1^T + \mu \mathbf{I}_1)^{-1}$$

est un scalaire. Une telle initialisation revient en fait à se placer dans le cadre de l'approche bayesienne (voir Exercice 2 du chapitre 4) et à réaliser l'estimation du paramètre par un estimateur du maximum de vraisemblance a posteriori.

On peut, en effet, montrer que la détermination de cet estimateur conduit à résoudre une équation du même type que celle obtenue par l'approche des moindres carrés :

$$(\mathbf{H}^T \mathbf{H} + \mu \mathbf{I})\hat{\theta}(\mathbf{x}) = \mathbf{H}^T \mathbf{x} .$$

μ est alors le rapport entre la variance du bruit de mesure (supposé gaussien) et la variance du paramètre à estimer lui aussi supposé gaussien.

ANNEXE :
Démonstration de la borne de Cramer-Rao ; cas scalaire

Par définition, la densité de probabilité $p(\mathbf{x};\theta)$ est telle que:

$$\int_{-\infty}^{+\infty} p(\mathbf{x};\theta)d\mathbf{x} = 1 .$$

En dérivant chaque membre par rapport à θ et en supposant qu'on puisse dériver sous le signe intégral, il vient :

$$\int_{-\infty}^{+\infty} \frac{\partial[p(\mathbf{x};\theta)d\mathbf{x}]}{\partial\theta} = 0 .$$

Cependant, puisque :

$$\frac{\partial[p(\mathbf{x};\theta)]}{\partial\theta} = p(\mathbf{x};\theta)\frac{\partial[\ln(p(\mathbf{x};\theta))]}{\partial\theta}, \qquad (1)$$

l'égalité précédente est encore égale à :

$$\int_{-\infty}^{+\infty} p(\mathbf{x};\theta)\frac{\partial[\ln(p(\mathbf{x};\theta))]}{\partial\theta}d\mathbf{x} = E[\frac{\partial[\ln(p(\mathbf{x};\theta))]}{\partial\theta}] = 0 .$$

Comme l'espérance se fait par rapport à la variable **x**, on peut aussi écrire :

$$E[(\theta + B(\theta))\frac{\partial[\ln(p(\mathbf{x};\theta))]}{\partial\theta}] = 0 . \qquad (2)$$

D'après la définition de l'espérance et puisqu'on suppose qu'il est possible de dériver sous le signe intégral, on a également :

$$\frac{\partial E[\hat{\theta}(\mathbf{x})]}{\partial\theta} = \int_{-\infty}^{+\infty} \hat{\theta}(\mathbf{x})\frac{\partial[p(\mathbf{x};\theta)]}{\partial\theta}d\mathbf{x} = \int_{-\infty}^{+\infty} \hat{\theta}(\mathbf{x})\frac{\partial[\ln(p(\mathbf{x};\theta))]}{\partial\theta}p(\mathbf{x};\theta)d\mathbf{x} ,$$

soit donc encore : $$\frac{\partial E[\hat{\theta}(\mathbf{x})]}{\partial\theta} = E[\hat{\theta}(\mathbf{x})\frac{\partial[\ln(p(\mathbf{x};\theta))]}{\partial\theta}] .$$

En soustrayant l'égalité (2) de cette dernière égalité, on obtient donc :

$$\frac{\partial E[\hat{\theta}(\mathbf{x})]}{\partial\theta} = E[(\hat{\theta}(\mathbf{x}) - \theta - B(\theta))\frac{\partial[\ln(p(\mathbf{x};\theta))]}{\partial\theta}] .$$

Appliquons l'inégalité de Schwarz :

$$\left(\frac{\partial E[\hat{\theta}(\mathbf{x})]}{\partial \theta}\right)^2 \leq E[(\hat{\theta}(\mathbf{x})-\theta-B(\theta))^2]E[\left(\frac{\partial[\ln(p(\mathbf{x};\theta))]}{\partial \theta}\right)^2].$$

Cependant, par définition du biais, il vient :

$$E[(\hat{\theta}(\mathbf{x})-\theta-B(\theta))^2]=E[(\hat{\theta}(\mathbf{x})-E[\hat{\theta}(\mathbf{x})])^2]=Var(\hat{\theta}(\mathbf{x})).$$

En introduisant ce résultat dans l'inégalité issue de l'application de l'inégalité de Schwarz, on obtient :

$$Var(\hat{\theta}(\mathbf{x})) \geq \frac{\left(\frac{\partial E[\hat{\theta}(\mathbf{x})]}{\partial \theta}\right)^2}{E[\left(\frac{\partial[\ln(p(\mathbf{x};\theta))]}{\partial \theta}\right)^2]}.$$

Cette inégalité qui définit une borne inférieure pour la variance d'un estimateur peut encore se simplifier. En effet, si l'on suppose que l'on recherche uniquement un estimateur sans biais, le numérateur du membre de droite est égal à 1. De plus, on a vu, au début de cette démonstration, que l'on se place dans le cas des densités de probabilité qui satisfont :

$$\int_{-\infty}^{+\infty} p(\mathbf{x};\theta)\frac{\partial[\ln(p(\mathbf{x};\theta))]}{\partial \theta}d\mathbf{x}=0.$$

Dérivons cette inégalité par rapport à θ :

$$\int_{-\infty}^{+\infty} \frac{\partial[p(\mathbf{x};\theta)]}{\partial \theta}\frac{\partial[\ln(p(\mathbf{x};\theta))]}{\partial \theta}d\mathbf{x}+\int_{-\infty}^{+\infty} p(\mathbf{x};\theta)\frac{\partial^2[\ln(p(\mathbf{x};\theta))]}{\partial \theta^2}d\mathbf{x}=0.$$

En introduisant l'égalité (1) dans le membre de gauche de cette dernière égalité, on obtient :

$$-E[\frac{\partial^2[\ln(p(\mathbf{x};\theta))]}{\partial \theta^2}]=E[((\theta+B(\theta))\frac{\partial[\ln(p(\mathbf{x};\theta))]}{\partial \theta})^2].$$

En définitive, il vient :

$$Var(\hat{\theta}(\mathbf{x})) \geq \frac{1}{I(\theta)} \quad \text{avec } I(\theta)=(-E[\frac{\partial^2[\ln(p(x;\theta))]}{\partial \theta^2}])^{-1}. \tag{3}$$

La première partie du résultat concernant la borne de Cramer-Rao est donc démontrée. Dans ces conditions, déterminer un estimateur qui atteint cette borne (et qui sera donc nécessairement un estimateur sans biais à variance minimale) revient à déterminer l'estimateur pour lequel l'inégalité (3) devient une égalité. En reprenant le cheminement de la démonstration précédente, cela revient à rechercher à quelle condition l'inégalité de Schwarz devient une égalité. Cette condition est parfaitement connue et, dans notre cas, elle s'applique de la façon suivante : l'inégalité (3) devient une égalité si et seulement si:

$$\frac{\partial[\ln(p(\mathbf{x};\theta))]}{\partial\theta} = C(\theta)(\hat{\theta}(\mathbf{x}) - \theta) .$$

Il nous faut donc rechercher la constante (par rapport à **x**) de proportionnalité $C(\theta)$. Pour cela, on dérive chaque membre de l'égalité précédente par rapport à θ et on prend l'espérance :

$$E[\frac{\partial^2 \ln[p(\mathbf{x};\theta)]}{\partial\theta^2}] = -C(\theta) + \frac{\partial(C(\theta))}{\partial\theta} E[\hat{\theta}(\mathbf{x}) - \theta] .$$

Puisque l'estimateur recherché est sans biais, on a simplement :

$$C(\theta) = -E[\frac{\partial^2[\ln(p(\mathbf{x};\theta))]}{\partial\theta^2}] = I(\theta) .$$

Cette condition étant une condition nécessaire et suffisante, on peut conclure que l'estimateur sans biais à variance minimale existe si et seulement si :

$$\frac{\partial \ln[p(\mathbf{x};\theta)]}{\partial\theta} = C(\theta)[f(\mathbf{x}) - \theta] .$$

On a alors : $\hat{\theta}(\mathbf{x}) = f(\mathbf{x})$ et $Var(\hat{\theta}(\mathbf{x})) = (C(\theta))^{-1} = (I(\theta))^{-1}$

ÉNONCÉS DES EXERCICES

■ Exercice 1

On cherche à estimer la valeur d'une constante C noyée dans un bruit blanc gaussien, de moyenne nulle et de variance σ^2. Le modèle de mesure utilisé est :

$$x(n) = C + b(n)\text{ , avec } b(n) \sim N(0, \sigma^2)\text{ .}$$

1. Calculer le biais et la variance de l'estimateur $\hat{C}_2(\mathbf{x})$ de C défini par:

$$\hat{C}_2(\mathbf{x}) = x(0)\text{ .}$$

2. Calculer le biais et la variance de l'estimateur $\hat{C}_1(\mathbf{x})$ de C défini par:

$$\hat{C}_1(\mathbf{x}) = \frac{1}{N}\sum_{n=0}^{N-1} x(n)\text{ ,}$$

avec N le nombre de mesures effectuées.

3. Comparer ces deux estimateurs.

4. Est-il nécessaire de construire un autre estimateur de C ?

■ Exercice 2

Soit le modèle de mesure : $x(n) = C_1 + C_2 n + b(n)$,

avec C_1 et C_2 deux constantes et $b(n) \sim N(0, \sigma^2)$, un bruit blanc gaussien, de moyenne nulle et de variance σ^2.

1. Calculer la matrice d'information de Fisher associée à l'estimation des constantes C_1 et C_2.

2. Existe-t-il un estimateur efficace ?
Si oui, le déterminer.

3. De C_1 ou de C_2, quel est le paramètre qui peut être estimé avec la plus grande précision ?

4. À quel changement de paramètre constant C_1 ou C_2, $x(n)$ est-il le plus sensible ?
Comment cela se traduit-il sur la borne de Cramer-Rao ?

5. Donner une justification possible du choix d'un bruit blanc gaussien.

■ Exercice 3

Soit le relevé de mesures donné dans le tableau 3.1. Ces mesures représentent les tensions relevées aux bornes d'un circuit électrique à différents instants.

Tableau 3.1. Valeur des trois premières mesures

Instants	t en secondes	V_m en volts
t_1	1	6.58
t_2	2	22.73
t_3	3	48.62

Le graphe de $V_m(t)$ est représenté sur la figure 3.1.

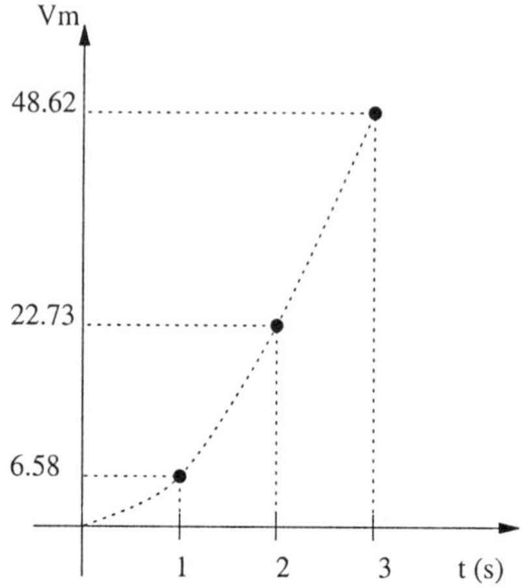

Figure 3.1 : Évolution de la mesure de la tension.

Il apparaît sur le graphe de $V_m(t)$ que la courbe ressemble plus à une parabole qu'à une droite. Pour estimer les paramètres de cette parabole, on suppose que la mesure $V_m(t_n)$ est en partie modélisée par :

$$V_m(t_n) = \theta_1 + \theta_2 t_n + \theta_3 t_n^2 .$$

Nous supposons de plus que la mesure est entachée d'un bruit additif $b(t_n)$. Des études statistiques ont montré que ce bruit est blanc, gaussien et de variance $\sigma^2 = 0.04$.

1. Écrire la relation qui lie $b(t_n)$, $V_m(t_n)$ et les paramètres $\theta_1, \theta_2, \theta_3$.
2. Montrer que ce problème d'estimation peut se mettre sous la forme d'un modèle de mesure linéaire $\mathbf{x} = \mathbf{H}\theta + \mathbf{b}$.
3. Donner l'expression du meilleur estimateur associé à ce type de problème.
4. Quelles sont les performances statistiques de cet estimateur ?
5. On considère la variable aléatoire $\varepsilon_i = \hat{\theta}_i(\mathbf{x}) - \theta_i$. Montrer que ε_i est une variable aléatoire normale dont on déterminera la moyenne et la variance.
6. Commenter les résultats précédents en terme de précision d'estimation.

En considérant le même type d'estimateur que précédemment mais en prenant cette fois 50 mesures, nous obtenons les valeurs des paramètres suivants :

$$\hat{\theta}(\mathbf{x}) = [\hat{\theta}_1(\mathbf{x}) = 4.74\,10^{-1}, \hat{\theta}_2(\mathbf{x}) = 1, \hat{\theta}_3(\mathbf{x}) = 4.99]^T .$$

La variance de chaque estimateur est alors égale à :

$$Var(\hat{\theta}_1(\mathbf{x})) = 7.8\,10^{-3},$$

$$Var(\hat{\theta}_2(\mathbf{x})) = 6.4\,10^{-5},$$

$$Var(\hat{\theta}_3(\mathbf{x})) = 2.3\,10^{-8}.$$

7. Montrer que la probabilité de faire une erreur respectivement supérieure à 0.26, 0.024 et $4.6\,10^{-4}$ est égale à 0.003.
8. Commenter les résultats précédents en terme de précision d'estimation.

■ Exercice 4

Soit à estimer la valeur d'une constante C noyée dans un bruit blanc $b(n)$ de variance σ^2, mais de densité de probabilité inconnue. Le modèle de mesure utilisé est :

$$x(n) = C + b(n).$$

1. Montrer que les hypothèses du problème se prêtent à la recherche d'un estimateur linéaire sans biais à variance minimale.
2. Déterminer cet estimateur.

■ Exercice 5

Soit le modèle de mesure $x(n) = C + b(n)$ avec C un paramètre à estimer. $b(n)$ est un bruit blanc gaussien de moyenne nulle et de variance C. Déterminer l'estimateur de C par la méthode du maximum de vraisemblance.

■ Exercice 6

Soit un vecteur de mesures $\mathbf{x} = [x(0) \;\; x(1) \;\; \cdots \;\; x(N-1)]^T$ avec N le nombre de mesures. On suppose que les composantes du vecteur de mesures $\mathbf{x}$ sont des variables aléatoires indépendantes qui suivent une loi normale de moyenne m et de variance σ^2. Déterminer l'estimateur de $\theta = [m, \sigma^2]^T$ par la méthode du maximum de vraisemblance.

■ Exercice 7

Soit le modèle de mesures $x(n) = A + Bn + b(n)$ avec A et B deux constantes et $b(n)$ un bruit de statistique inconnue. On cherche à estimer le vecteur de paramètres $\theta = [A, B]^T$ sachant que l'on a effectué N mesures.

1. Quelle est la méthode d'estimation adaptée à ce problème ?
2. Déterminer l'estimateur correspondant de $\theta = [A, B]^T$.

■ Exercice 8

Soit A une constante noyée dans un bruit blanc gaussien additif de moyenne nulle et de variance σ^2. On cherche à estimer cette constante à partir de N observations du type $x(n) = A + b(n)$.

1. Montrer que :
$$T(\mathbf{x}) = \sum_{n=0}^{N-1} x(n)$$
est une statistique suffisante pour l'estimation de A.
2. Montrer que la statistique $T(\mathbf{x})$, définie à la question précédente, est complète. On utilisera pour cela le fait que la transformée de Fourier d'une fonction est nulle si et seulement si cette dernière est la fonction nulle.
3. En déduire l'estimateur sans biais à variance minimale de A.

■ Exercice 9

On suppose que la mesure $x(n)$ est une variable aléatoire uniformément répartie entre 0 et A. Tous les échantillons $x(n)$ sont également indépendants. On dit alors que ceux-ci sont indépendants et identiquement distribués (IID). La valeur de A est inconnue et l'on cherche à estimer la moyenne de chaque $x(n)$ (qui rappelons-le est égale à la moitié de A) à partir de N échantillons $x(n)$.

1. Montrer qu'on ne peut pas déterminer d'estimateur efficace de m.
Montrer que :

$$T(\mathbf{x}) = \max_{n \in \{0,1,\ldots N-1\}} (x(n))$$

est une statistique suffisante pour l'estimation de m.

2. Déterminer la densité de probabilité de la variable aléatoire T et en déduire sa moyenne.

3. Montrer que la statistique $T(\mathbf{x})$ est complète.

4. En déduire l'estimateur sans biais à variance minimale de m. On calculera la variance de cet estimateur.

5. On suppose qu'on estime m à partir de l'estimateur :

$$\hat{m}_2(\mathbf{x}) = \frac{1}{N} \sum_{n=0}^{N-1} x(n) .$$

Déterminer le biais et la variance de cet estimateur.

6. Conclure sur l'estimation de la moyenne généralement utilisée.

■ Exercice 10

Soit un processus discret modélisé par une équation de récurrence de la forme :

$$y(n) = au(n) + bu(n-1) + cy(n-1) ,$$

avec $u(n)$ l'entrée et $y(n)$ la sortie du système. Le but de cet exercice est d'écrire un programme Matlab™ qui réalise l'estimation des paramètres a, b et c du modèle précédent par la méthode des moindres carrés récurrents. Dans un contexte réel, c'est-à-dire celui de l'identification des systèmes, la connaissance des valeurs de $y(n)$ est obtenue par mesure de la sortie du système en sollicitation à une entrée $u(n)$. Dans le contexte de cet exercice, il faut générer ces données par simulation.

1. Soit un processus discret modélisé par une équation de récurrence de la forme :

$$y(n) = au(n) + bu(n-1) + cy(n-1) ,$$

avec $u(n)$ l'entrée et $y(n)$ la sortie du système. En prenant $a = 1$, $b = -0.4$ et $c = -0.8$, écrire un programme Matlab™ qui génère un signal $u(n)$ carré non bruité et qui calcule le $y(n)$ correspondant.

2. Écrire un programme Matlab™ qui estime les paramètres a, b et c à partir des données générées à la question précédente.
3. Soit maintenant le même processus discret, mais modélisé par l'équation de récurrence suivante :

$$y(n) = au(n) + bu(n-1) + cy(n-1) + b(n),$$

avec $u(n)$ l'entrée, $y(n)$ la sortie du système et $b(n)$ un bruit blanc gaussien de moyenne nulle et de variance 1.

Reprendre les deux questions précédentes avec ce nouveau modèle.

■ Exercice 11

Une expérience sur un système fournit les résultats du tableau 3.2.

Tableau 3.2. Mesures sur le système

t	1	2	3	4
$u(t)$	0	1	2	3
$y(t)$	0	0.9	2.1	1

où t représente le temps, $u(t)$ la valeur de l'entrée à laquelle le système a été soumis et $y(t)$ la valeur de la sortie mesurée. On cherche une relation de la forme $y = f(u)$ par la méthode des moindres carrés.

1. Déterminer le paramètre d'un modèle de la forme $y(t) = a$, a étant une constante. Préciser l'erreur obtenue avec ce modèle.
2. Déterminer le paramètre d'un modèle de la forme $y(t) = a + bu(t)$, a et b étant deux constantes. Préciser l'erreur obtenue avec ce modèle.
3. Déterminer le paramètre d'un modèle de la forme $y(t) = a + bu(t) + cu^2(t)$, a, b et c étant trois constantes. Préciser l'erreur obtenue avec ce modèle.

■ Exercice 12

Soit le modèle de mesure : $x(n) = \theta + b(n)$, avec θ une constante à estimer et $b(n)$ ($b(n) \geq 0$) un bruit de densité de probabilité exponentielle:

$$p(b(n)) = \lambda e^{-\lambda b(n)}.$$

$b(n)$ a une moyenne égale à : $\dfrac{1}{\lambda}$,

et une variance égale à : $\dfrac{1}{\lambda^2}$.

En supposant que tous les échantillons du bruit sont indépendants, on cherche à estimer θ à partir de N mesures $x(n)$. Pour chacune des trois questions suivantes, il faut déterminer l'expression explicite de l'estimateur lorsque cela est possible. Lorsqu'un estimateur ne peut pas être déterminé, il faut le justifier.

1. Peut-on déterminer un estimateur efficace ?
2. Peut-on déterminer un estimateur issu de la méthode du maximum de vraisemblance ?
3. Peut-on déterminer un estimateur linéaire sans biais à variance minimale de la forme :

$$\hat{\theta}(\mathbf{x}) = \frac{\mathbf{s}^T \Gamma_\mathbf{x} \mathbf{x}}{\mathbf{s}^T \Gamma_\mathbf{x} \mathbf{s}} \text{ ?}$$

CORRIGÉS DES EXERCICES

■ Corrigé de l'exercice 1

1. *Biais et variance de l'estimateur* $\hat{C}_2(\mathbf{x})$ *de C.* Par définition, le biais et la variance de l'estimateur $\hat{C}_2(\mathbf{x})$ de C sont respectivement égal à :

$$B_{\hat{C}_2(\mathbf{x})}(C) = E(\hat{C}_2(\mathbf{x})) - C \quad \text{et} \quad V_{\hat{C}_2(\mathbf{x})}(C) = E[\hat{C}_2^2(\mathbf{x})] - (E[\hat{C}_2(\mathbf{x})])^2 .$$

Le détail du calcul du biais de l'estimateur $\hat{C}_2(\mathbf{x})$ de C est le suivant :

$$B_{\hat{C}_2(\mathbf{x})}(C) = E[\hat{C}_2(\mathbf{x})] - C ,$$

$$B_{\hat{C}_2(\mathbf{x})}(C) = E[x(0)] - C ,$$

$$B_{\hat{C}_2(\mathbf{x})}(C) = E[C + b(0)] - C ,$$

$$B_{\hat{C}_2(\mathbf{x})}(C) = C + E[b(0)] - C ,$$

$$B_{\hat{C}_2(\mathbf{x})}(C) = E[b(0)] = 0 .$$

L'estimateur est donc sans biais. Nous pouvons maintenant calculer la variance de l'estimateur :

$$V_{\hat{C}_2(\mathbf{x})}(C) = E[\hat{C}_2^2(\mathbf{x})] - (E[\hat{C}_2(\mathbf{x})])^2 ,$$

$$V_{\hat{C}_2(\mathbf{x})}(C) = E[\hat{C}_2^2(\mathbf{x})] - C^2 ,$$

$$V_{\hat{C}_2(\mathbf{x})}(C) = E[x^2(0)] - C^2 ,$$

$$V_{\hat{C}_2(\mathbf{x})}(C) = E[(C + b(0))^2] - C^2 ,$$

$$V_{\hat{C}_2(\mathbf{x})}(C) = E[(C^2 + 2Cb(0) + b(0))^2] - C^2 ,$$

$$V_{\hat{C}_2(\mathbf{x})}(C) = C^2 + 2CE[b(0)] + E[b(0))^2] - C^2 .$$

$b(0)$ est un bruit blanc de moyenne nulle et de variance σ^2, donc on a $E[b(0)] = 0$ et $E[b^2(0)] = \sigma^2$. La variance est finalement égale à :

$$V_{\hat{C}_2(\mathbf{x})}(C) = \sigma^2 .$$

2. *Biais et variance de l'estimateur* $\hat{C}_1(\mathbf{x})$ *de* C. Le calcul du biais de l'estimateur $\hat{C}_1(\mathbf{x})$ donne :

$$B_{\hat{C}_1(\mathbf{x})}(C) = E[\frac{1}{N}\sum_{n=0}^{N-1} x(n) - C]\,,$$

$$B_{\hat{C}_1(\mathbf{x})}(C) = E[\frac{1}{N}\sum_{n=0}^{N-1}(C + b(n))] - C\,,$$

$$B_{\hat{C}_1(\mathbf{x})}(C) = (\frac{1}{N}\sum_{n=0}^{N-1} E[C + b(n)]) - C = (\frac{1}{N}\sum_{n=0}^{N-1} E[C] + E[b(n)]) - C\,,$$

$$B_{\hat{C}_1(\mathbf{x})}(C) = \frac{1}{N} NC + \frac{1}{N}\sum_{n=0}^{N-1} E[b(n)] - C\,,$$

$$B_{\hat{C}_1(\mathbf{x})}(C) = \frac{1}{N}\sum_{n=0}^{N-1} E[b(n)]\,.$$

Mais $b(n)$ est un bruit blanc gaussien de moyenne nulle donc $E[b(n)] = 0$. Finalement, le biais de l'estimateur $\hat{C}_1(\mathbf{x})$ de C vaut :

$$B_{\hat{C}_1(\mathbf{x})}(C) = 0\,.$$

Compte tenu du fait que l'estimateur $\hat{C}_1(\mathbf{x})$ de C est sans biais, nous avons $E[\hat{C}_1(\mathbf{x})] = C$ et la variance de l'estimateur $\hat{C}_1(\mathbf{x})$ est égale à :

$$V_{\hat{C}_1(\mathbf{x})}(C) = E[\hat{C}_1^2(\mathbf{x})] - C^2\,.$$

Le détail du calcul de $E[\hat{C}_1^2(\mathbf{x})]$ donne alors :

$$E[\hat{C}_1^2(\mathbf{x})] = E[(\frac{1}{N}\sum_{n=0}^{N-1}(C + b(n)))^2]\,,$$

$$E[\hat{C}_1^2(\mathbf{x})] = \frac{1}{N^2} E[(\sum_{n=0}^{N-1}(C + b(n)))^2] = \frac{1}{N^2} E[(NC + \sum_{n=0}^{N-1} b(n))^2]\,,$$

$$E[\hat{C}_1^2(\mathbf{x})] = \frac{1}{N^2} E[N^2C^2 + 2NC\sum_{n=0}^{N-1} b(n) + (\sum_{n=0}^{N-1} b(n))^2]\,.$$

Compte tenu que $b(n)$ est un bruit blanc gaussien de moyenne nulle, cette dernière égalité est encore égale à :

$$E[\hat{C}_1^2(\mathbf{x})] = C^2 + \frac{1}{N^2} E[(\sum_{n=0}^{N-1} b(n))^2].$$

Mais puisque : $$(\sum_{n=0}^{N-1} b(n))^2 = \sum_{i=0}^{N-1} b(i)^2 + \sum_{i=0}^{N-1} \sum_{\substack{j=0 \\ j\neq i}}^{N-1} b(i)b(j),$$

on peut encore écrire :

$$E[\hat{C}_1^2(\mathbf{x})] = C^2 + \frac{1}{N^2} (\sum_{i=0}^{N-1} b(i)^2 + \sum_{i=0}^{N-1} \sum_{\substack{j=0 \\ j\neq i}}^{N-1} E[b(i)b(j)]).$$

$b(n)$ étant un bruit blanc gaussien de moyenne nulle et de variance σ^2, nous avons :

$$E[b(i)b(j)] = 0 \text{ si } i \neq j \text{, et } E[b(i)^2] = \sigma^2,$$

et donc le calcul de la variance donne finalement :

$$V_{\hat{C}_1(\mathbf{x})}(C) = E[\hat{C}_1^2(\mathbf{x})] - (E[\hat{C}_1(\mathbf{x})])^2 = C^2 + \frac{1}{N^2} N\sigma^2 - C^2,$$

$$V_{\hat{C}_1(\mathbf{x})}(C) = \frac{1}{N}\sigma^2.$$

3. *Comparaison des deux estimateurs.* Les deux estimateurs sont sans biais. Pour $N > 1$, la variance de l'estimateur 1 est plus faible que la variance de l'estimateur 2, donc $\hat{C}_1(\mathbf{x})$ est plus précis que $\hat{C}_2(\mathbf{x})$. Les performances de l'estimateur $C_1(\mathbf{x})$ dont la variance est :

$$V_{\hat{C}_1(\mathbf{x})}(C) = \frac{1}{N}\sigma^2,$$

peuvent être améliorées en augmentant le nombre de mesures N.

4. *Nécessité de construire un autre estimateur de C.* Pour répondre à cette question, il convient de comparer la variance de l'estimateur $\hat{C}_1(\mathbf{x})$ à la borne de Cramer-Rao si celle-ci est calculable. Rappelons que le modèle de mesure est :

$$x(n) = C + b(n),$$

avec $b(n)$ un bruit blanc gaussien $N(0,\sigma^2)$. La densité de probabilité de ce dernier est donnée par :

$$p(b(n)) = \frac{1}{\sqrt{2\pi\sigma^2}} e^{\frac{-1}{2}(\frac{b(n)-0}{\sigma})^2}.$$

Les échantillons d'un bruit blanc étant par définition décorrélés, ils sont ici indépendants puisque le bruit est gaussien. Nous avons donc :

$$p(\mathbf{b} = [b(0),...,b(N-1)]) = \prod_{n=0}^{N-1} p(b(n)),$$

$$p(\mathbf{b}) = \prod_{n=0}^{N-1} \left(\frac{1}{\sqrt{2\pi\sigma^2}} e^{\frac{-1}{2}\frac{b^2(n)}{\sigma^2}}\right),$$

$$p(\mathbf{b}) = \frac{1}{(2\pi\sigma^2)^{N/2}} e^{\frac{-1}{2\sigma^2}\sum_{n=0}^{N-1} b^2(n)}.$$

Mais $x(n) = C + b(n)$ et donc $b(n) = x(n) - C$, on peut donc écrire:

$$p(\mathbf{b}) = \frac{1}{(2\pi\sigma^2)^{N/2}} e^{\frac{-1}{2\sigma^2}\sum_{n=0}^{N-1}(x(n)-C)^2} = p(\mathbf{x};C).$$

Si la densité de probabilité $p(\mathbf{x};C)$ satisfait la condition :

$$E[\frac{\partial \ln(p(\mathbf{x};C))}{\partial C}] = 0 \qquad \text{pour toute valeur de } C,$$

la borne de Cramer-Rao est, dans le cas scalaire, égale à:

$$\frac{1}{-E(\frac{\partial^2}{\partial C^2}\ln(p(\mathbf{x};C)))}.$$

Il convient donc d'évaluer d'abord $\ln(p(\mathbf{x},C))$ et sa dérivée première par rapport à C :

$$\ln(p(\mathbf{x};C)) = \frac{-N}{2}\ln(2\pi\sigma^2) - \frac{1}{2\sigma^2}\sum_{n=0}^{N-1}(x(n)-C)^2.$$

On a alors : $$\frac{\partial}{\partial C}\ln(p(\mathbf{x};C)) = (\frac{-1}{2\sigma^2})(-2\sum_{n=0}^{N-1}(x(n)-C)),$$

$$\frac{\partial}{\partial C}\ln(p(\mathbf{x};C)) = \frac{1}{\sigma^2}(\sum_{n=0}^{N-1}(x(n)-C)),$$

$$\frac{\partial}{\partial C}\ln(p(\mathbf{x};C)) = \frac{1}{\sigma^2}(\sum_{n=0}^{N-1}x(n)-NC).$$

On peut immédiatement vérifier que la condition sur la densité de probabilité est satisfaite :

$$E[\frac{\partial\ln(p(\mathbf{x};C))}{\partial C}] = \frac{1}{\sigma^2}(\sum_{n=0}^{N-1}E[x(n)]-NC) = \frac{1}{\sigma^2}(\sum_{n=0}^{N-1}(C)-NC) = 0.$$

On peut donc bien calculer la borne de Cramer-Rao.

On calcule tout d'abord la dérivée seconde par rapport à C de $\ln(p(\mathbf{x},C))$:

$$\frac{\partial^2}{\partial C^2}\ln(p(\mathbf{x},C)) = -\frac{N}{\sigma^2}.$$

Cette valeur étant une quantité déterministe, il est inutile d'en calculer la moyenne.

La borne de Cramer-Rao est donc égale à :

$$I(C)^{-1} = \frac{\sigma^2}{N}.$$

Pour les estimateurs sans biais étudiés précédemment, nous avons:

$$I(C)^{-1} = V_{\hat{C}_1(x)}(C) = \frac{1}{N}\sigma^2 < V_{\hat{C}_2(x)}(C) = \sigma^2.$$

L'estimateur $\hat{C}_1(\mathbf{x})$ atteint la borne de Cramer-Rao.

Il possède donc les meilleures performances statistiques possibles.

Ce n'est pas la peine de chercher un autre estimateur de C.

■ Corrigé de l'exercice 2

1. *Calcul de la matrice d'information de Fisher associée à l'estimation des constantes* C_1 *et* C_2. Le paramètre à estimer est ici le vecteur $\theta = [C_1, C_2]^T$. En se référant à l'exercice précédent, il vient :

$$p(\mathbf{x};\theta) = \frac{1}{(2\pi\sigma^2)^{N/2}} e^{\frac{-1}{2\sigma^2}\sum_{n=0}^{N-1}(x(n)-C_1-C_2 n)^2},$$

avec N le nombre de mesures effectuées.

La matrice d'information de Fisher est égale par définition à :

$$\mathbf{I}(\theta) = \begin{bmatrix} -E[\frac{\partial^2}{\partial C_1^2}\ln(p(\mathbf{x};\theta))] & -E[\frac{\partial^2}{\partial C_1 \partial C_2}\ln(p(\mathbf{x};\theta))] \\ -E[\frac{\partial^2}{\partial C_2 \partial C_1}\ln(p(\mathbf{x};\theta))] & -E[\frac{\partial^2}{\partial C_2^2}\ln(p(\mathbf{x};\theta))] \end{bmatrix}.$$

Les échantillons d'un bruit blanc sont par définition décorrélés. Pour une variable aléatoire gaussienne, la décorrélation étant équivalente à l'indépendance, on a conformément à l'exercice précédent :

$$\ln(p(\mathbf{x};\theta)) = \frac{-N}{2}\ln(2\pi\sigma^2) - \frac{1}{2\sigma^2}\sum_{n=0}^{N-1}(x(n) - C_1 - C_2 n)^2 .$$

Le calcul de chaque terme de la matrice d'information de Fisher nécessite le calcul des dérivées premières de $\ln(p(\mathbf{x};\theta))$:

$$\frac{\partial}{\partial C_1}\ln(p(\mathbf{x};\theta)) = (\frac{-1}{2\sigma^2})(-2\sum_{n=0}^{N-1}(x(n) - C_1 - C_2 n)),$$

$$\frac{\partial}{\partial C_1}\ln(p(\mathbf{x};\theta)) = \frac{1}{\sigma^2}\sum_{n=0}^{N-1}(x(n) - C_1 - C_2 n),$$

$$\frac{\partial}{\partial C_2}\ln(p(\mathbf{x};\theta)) = (\frac{-1}{2\sigma^2})(-2\sum_{n=0}^{N-1}n(x(n) - C_1 - C_2 n)),$$

$$\frac{\partial}{\partial C_2}\ln(p(\mathbf{x};\theta)) = \frac{1}{\sigma^2}\sum_{n=0}^{N-1}n(x(n) - C_1 - C_2 n).$$

On peut donc immédiatement vérifier que la densité de probabilité $p(\mathbf{x};\theta)$ satisfait la condition :

$$E[\frac{\partial \ln(p(\mathbf{x};\theta))}{\partial\theta}] = \begin{bmatrix} E[\frac{\partial}{\partial C_1}\ln(p(\mathbf{x};\theta))] \\ E[\frac{\partial}{\partial C_2}\ln(p(\mathbf{x};\theta))] \end{bmatrix} = \mathbf{0} \quad \text{pour toute valeur de } \theta$$

puisque :

$$E[\frac{\partial}{\partial C_1}\ln(p(\mathbf{x};\theta))] = \frac{1}{\sigma^2}\sum_{n=0}^{N-1}(\mathrm{E}[x(n)] - C_1 - C_2 n) = 0,$$

$$E[\frac{\partial}{\partial C_2}\ln(p(\mathbf{x};\theta))] = \frac{1}{\sigma^2}\sum_{n=0}^{N-1}n(\mathrm{E}[x(n)] - C_1 - C_2 n) = 0.$$

On peut donc calculer la matrice d'information de Fisher. Celle-ci nécessite le calcul des dérivées secondes de $\ln(p(\mathbf{x};\theta))$:

$$\frac{\partial^2}{\partial C_1^2}\ln(p(\mathbf{x};\theta)) = \frac{1}{\sigma^2}\sum_{n=0}^{N-1}(-1) = -\frac{N}{\sigma^2},$$

$$\frac{\partial^2}{\partial C_2^2}\ln(p(\mathbf{x};\theta)) = \frac{1}{\sigma^2}\sum_{n=0}^{N-1}-n^2,$$

$$\frac{\partial^2}{\partial C_1\partial C_2}\ln(p(\mathbf{x};\theta)) = \frac{\partial^2}{\partial C_2\partial C_1}\ln(p(\mathbf{x};\theta)) = \frac{1}{\sigma^2}\sum_{n=0}^{N-1}-n.$$

L'expression de la matrice d'information de Fisher est donc:

$$\mathbf{I}(\theta) = \frac{1}{\sigma^2}\begin{bmatrix} N & \sum_{n=0}^{N-1}n \\ \sum_{n=0}^{N-1}n & \sum_{n=0}^{N-1}n^2 \end{bmatrix}.$$

Mais comme : $\sum_{n=0}^{N-1}n = \frac{N(N-1)}{2}$ et $\sum_{n=0}^{N-1}n^2 = \frac{N(N-1)(2N-1)}{6}$, la matrice d'information de Fisher est finalement égale à :

$$\mathbf{I}(\theta) = \frac{1}{\sigma^2}\begin{bmatrix} N & \frac{N(N-1)}{2} \\ \frac{N(N-1)}{2} & \frac{N(N-1)(2N-1)}{6} \end{bmatrix}.$$

2. *Un estimateur efficace existe-t-il ? Si oui, le déterminer.*

Appelons **x** et **b** les vecteurs définis par :

$$\mathbf{x} = [x(0), x(1), \ldots, x(N-1)]^T,$$

$$\mathbf{b} = [b(0), b(1), \ldots, b(N-1)]^T.$$

Le modèle de mesure d'un échantillon $x(n)$ permet d'écrire l'égalité suivante :

$$\mathbf{x} = \begin{bmatrix} 1 & 0 \\ 1 & 1 \\ 1 & 2 \\ \ldots & \ldots \\ 1 & N-1 \end{bmatrix}\theta + \mathbf{b}.$$

Nous sommes dans le cas d'un modèle linéaire de mesure. On sait qu'il existe un estimateur efficace dont l'expression est :

$$\hat{\theta}(\mathbf{x}) = (\mathbf{H}^T \Gamma_{\mathbf{b}}^{-1} \mathbf{H})^{-1} \mathbf{H}^T \Gamma_{\mathbf{b}}^{-1} \mathbf{x},$$

avec **H** la matrice :

$$\mathbf{H} = \begin{bmatrix} 1 & 0 \\ 1 & 1 \\ 1 & 2 \\ \ldots & \ldots \\ 1 & N-1 \end{bmatrix},$$

et $\Gamma_{\mathbf{b}}$ la matrice d'autocorrélation du bruit blanc gaussien $N(0, \sigma^2)$. D'après l'Exercice 5 du chapitre 2, cette matrice est égale à :

$$\Gamma_{\mathbf{b}} = \sigma^2 \mathbf{I}_N.$$

L'estimateur $\hat{\theta}(\mathbf{x})$ est donc simplement égal à :

$$\hat{\theta}(\mathbf{x}) = \sigma^2 (\mathbf{H}^T \mathbf{I}_N \mathbf{H})^{-1} \frac{\mathbf{H}^T}{\sigma^2} \mathbf{x} = (\mathbf{H}^T \mathbf{H})^{-1} \mathbf{H}^T \mathbf{x}.$$

Nous allons commencer par calculer $\mathbf{H}^T\mathbf{H}$:

$$\mathbf{H}^T\mathbf{H} = \begin{bmatrix} 1 & 1 & 1 & \dots & 1 \\ 0 & 1 & 2 & \dots & N-1 \end{bmatrix} \begin{bmatrix} 1 & 0 \\ 1 & 1 \\ 1 & 2 \\ \dots & \dots \\ 1 & N-1 \end{bmatrix} = \begin{bmatrix} N & \sum_{n=0}^{N-1} n \\ \sum_{n=0}^{N-1} n & \sum_{n=0}^{N-1} n^2 \end{bmatrix}.$$

Compte tenu des résultats de la question précédente, cette matrice est égale à :

$$\mathbf{H}^T\mathbf{H} = \begin{bmatrix} N & \dfrac{N(N-1)}{2} \\ \dfrac{N(N-1)}{2} & \dfrac{N(N-1)(2N-1)}{6} \end{bmatrix}.$$

Le calcul de l'estimateur nécessite l'inversion de cette matrice dont le déterminant est égal à :

$$\det(\mathbf{H}^T\mathbf{H}) = \frac{N^2(N-1)(2N-1)}{6} - \frac{N^2(N-1)^2}{4},$$

$$\det(\mathbf{H}^T\mathbf{H}) = N^2(N-1)(\frac{2(2N-1)-3(N-1)}{12}) = \frac{N^2(N-1)(N+1)}{12}.$$

Son inverse est donc égal à :

$$(\mathbf{H}^T\mathbf{H})^{-1} = \frac{12}{N^2(N-1)(N+1)} \begin{bmatrix} \dfrac{N(N-1)(2N-1)}{6} & -\dfrac{N(N-1)}{2} \\ -\dfrac{N(N-1)}{2} & N \end{bmatrix},$$

soit finalement :

$$(\mathbf{H}^T\mathbf{H})^{-1} = \begin{bmatrix} \dfrac{2(2N-1)}{N(N+1)} & -\dfrac{6}{N(N+1)} \\ -\dfrac{6}{N(N+1)} & \dfrac{12}{N(N^2-1)} \end{bmatrix}.$$

On peut donc déterminer de façon explicite l'estimateur $\hat{\theta}(\mathbf{x})$:

$$\hat{\theta}(\mathbf{x}) = (\mathbf{H}^T\mathbf{H})^{-1}\mathbf{H}^T\mathbf{x} = \begin{bmatrix} \dfrac{2(2N-1)}{N(N+1)} & -\dfrac{6}{N(N+1)} \\ -\dfrac{6}{N(N+1)} & \dfrac{12}{N(N^2-1)} \end{bmatrix} \begin{bmatrix} 1 & 1 & 1 & \dots & 1 \\ 0 & 1 & 2 & \dots & N-1 \end{bmatrix} \begin{bmatrix} x(0) \\ x(1) \\ x(2) \\ \dots \\ x(N-1) \end{bmatrix}$$

$$\hat{\theta}(\mathbf{x}) = \begin{bmatrix} \dfrac{2(2N-1)}{N(N+1)} & -\dfrac{6}{N(N+1)} \\ -\dfrac{6}{N(N+1)} & \dfrac{12}{N(N^2-1)} \end{bmatrix} \begin{bmatrix} \sum_{n=0}^{N-1} x(n) \\ \sum_{n=0}^{N-1} nx(n) \end{bmatrix}.$$

L'estimateur sans biais à variance minimale est finalement égal à :

$$\hat{\theta}(\mathbf{x}) = \begin{bmatrix} \hat{C}_1(\mathbf{x}) \\ \hat{C}_2(\mathbf{x}) \end{bmatrix} = \begin{bmatrix} \dfrac{2(2N-1)}{N(N+1)} \sum_{n=0}^{N-1} x(n) - \dfrac{6}{N(N+1)} \sum_{n=0}^{N-1} nx(n) \\ -\dfrac{6}{N(N+1)} \sum_{n=0}^{N-1} x(n) + \dfrac{12}{N(N^2-1)} \sum_{n=0}^{N-1} nx(n) \end{bmatrix}.$$

3. *Quel paramètre constant C_1 ou C_2 peut être estimé avec la plus grande précision ?*

Pour déterminer le paramètre constant C_1 ou C_2 pouvant être estimé avec la plus grande précision, nous allons calculer la variance $V(\hat{C}_1)$ de l'estimateur $\hat{C}_1(\mathbf{x})$ et la variance $V(\hat{C}_2)$ de l'estimateur $\hat{C}_2(\mathbf{x})$.

Compte tenu que ces estimateurs sont efficaces, on a :

$$V(\hat{C}_1) = \mathbf{I}^{-1}(\theta)_{11},$$

$$V(\hat{C}_2) = \mathbf{I}^{-1}(\theta)_{22}.$$

Il faut donc inverser la matrice $\mathbf{I}(\theta)$.

Cependant, puisque : $\mathbf{I}(\theta) = (\sigma^2)^{-1}(\mathbf{H}^T\mathbf{H})$, on a directement : $$\mathbf{I}^{-1}(\theta) = \begin{bmatrix} \dfrac{2\sigma^2(2N-1)}{N(N+1)} & -\dfrac{6\sigma^2}{N(N+1)} \\ -\dfrac{6\sigma^2}{N(N+1)} & \dfrac{12\sigma^2}{N(N^2-1)} \end{bmatrix}.$$

Finalement, il vient: $$V(\hat{C}_1) = \frac{2(2N-1)}{N(N+1)}\sigma^2,$$

$$V(\hat{C}_2) = \frac{12}{N(N^2-1)}\sigma^2.$$

Si N, le nombre de mesures, est grand, les variances sont de l'ordre de :

$$V(\hat{C}_1) = \frac{2(2N-1)}{N(N+1)}\sigma^2 \approx \frac{4\sigma^2}{N},$$

$$V(\hat{C}_2) = \frac{12}{N(N^2-1)}\sigma^2 \approx \frac{12\sigma^2}{N^3}.$$

On a alors : $$\frac{12\sigma^2}{N^3} << \frac{4\sigma^2}{N}.$$

Ce qui permet de conclure que, pour un même nombre de mesures N, l'estimation de C_2 est plus précise que l'estimation de C_1.

4. *À quel changement de paramètre constant C_1 ou C_2, $x(n)$ est-il le plus sensible ? Traduction sur la borne de Cramer-Rao ?*

Pour déterminer à quel changement de paramètre constant C_1 ou C_2, $x(n)$ est le plus sensible, il convient de considérer l'influence sur chaque mesure $x(n)$ de la variation de paramètre ΔC_1 qui à C_1 fait correspondre $C_1 + \Delta C_1$ et de la variation de paramètre ΔC_2 qui, à C_2, fait correspondre $C_2 + \Delta C_2$. Dans le cas de la variation ΔC_1, on a :

$$x_{C_1,C_2}(n) = C_1 + C_2 n + b(n),$$

$$x_{C_1+\Delta C_1,C_2}(n) = C_1 + \Delta C_1 + C_2 n + b(n).$$

La variation de mesure correspondante est égale à :

$$\Delta x(n) = x_{C_1+\Delta C_1,C_2}(n) - x_{C_1,C_2}(n) = \Delta C_1.$$

Le même raisonnement avec $C_2 + \Delta C_2$ conduit à :

$$x_{C_1,C_2+\Delta C_2}(n) = C_1 + (C_2 + \Delta C_2)n + b(n),$$

$$\Delta x(n) = x_{C_1,C_2+\Delta C_2}(n) - x_{C_1,C_2}(n) = n\Delta C_2.$$

En conclusion, $x(n)$ est plus sensible à un changement du paramètre C_2. Cela se traduit par une borne de Cramer-Rao plus faible donc une plus grande facilité d'estimation.

5. *Justification possible du choix d'un bruit blanc gaussien.* On peut supposer que le bruit de mesure est la somme de plusieurs variables aléatoires indépendantes de même loi. Le théorème de la limite centrale permet de dire que cette somme est une variable aléatoire normale.

■ Corrigé de l'exercice 3

1. *Relation liant $b(t)$, $V_m(t)$ et les paramètres $\theta_1, \theta_2, \theta_3$.* Le bruit $b(t)$ étant additif, la relation qui lie $b(t)$, $V_m(t)$ et les paramètres $\theta_1, \theta_2, \theta_3$ est donc :

$$V_m(t) = \theta_1 + \theta_2 t + \theta_3 t^2 + b(t).$$

2. *Montrer que ce problème d'estimation peut se mettre sous la forme d'un modèle de mesure linéaire* $\mathbf{x} = \mathbf{H\theta} + \mathbf{b}$. Le vecteur de paramètres à estimer est :

$$\boldsymbol{\theta} = [\theta_1, \theta_2, \theta_3]^T.$$

Le vecteur de mesure est :

$$\mathbf{x} = [V_m(1), V_m(2), V_m(3)]^T.$$

Le vecteur bruit blanc gaussien est :

$$\mathbf{b} = [b(1), b(2), b(3)]^T.$$

Il est donc possible d'écrire le système d'équations de mesure suivant:

$$\begin{cases} V_m(1) = \theta_1 + \theta_2 + \theta_3 + b(1) \\ V_m(2) = \theta_1 + 2\theta_2 + 4\theta_3 + b(2) \\ V_m(3) = \theta_1 + 3\theta_2 + 9\theta_3 + b(3) \end{cases}.$$

Ce modèle de mesure peut donc se mettre sous la forme $\mathbf{x} = \mathbf{H}\theta + \mathbf{b}$ avec :

$$\mathbf{H} = \begin{bmatrix} 1 & 1 & 1 \\ 1 & 2 & 4 \\ 1 & 3 & 9 \end{bmatrix}.$$

Il est donc linéaire.

3. *Expression du meilleur estimateur associé à ce type de problème.* Pour ce type de problème, le bruit étant blanc gaussien, il est possible de déterminer un estimateur sans biais à variance minimale. L'expression d'un tel estimateur est donnée par :

$$\hat{\theta}(\mathbf{x}) = (\mathbf{H}^T \Gamma_{\mathbf{b}}^{-1} \mathbf{H})^{-1} \mathbf{H}^T \Gamma_{\mathbf{b}}^{-1} \mathbf{x},$$

avec $\Gamma_{\mathbf{b}}$ la matrice d'autocorrélation du bruit blanc gaussien $N(0, \sigma^2 = 0.04)$. D'après l'Exercice 5 du chapitre 2, cette matrice est égale à :

$$\Gamma_{\mathbf{b}} = \sigma^2 \mathbf{I}_N.$$

L'estimateur $\hat{\theta}(\mathbf{x})$ est donc simplement égal à :

$$\hat{\theta}(\mathbf{x}) = \sigma^2 (\mathbf{H}^T \mathbf{I}_N \mathbf{H})^{-1} \frac{\mathbf{H}^T}{\sigma^2} \mathbf{x} = (\mathbf{H}^T \mathbf{H})^{-1} \mathbf{H}^T \mathbf{x}.$$

Il faut donc calculer $(\mathbf{H}^T \mathbf{H})^{-1} \mathbf{H}^T$:

$$\mathbf{H}^T = \begin{bmatrix} 1 & 1 & 1 \\ 1 & 2 & 3 \\ 1 & 4 & 9 \end{bmatrix}, \ \mathbf{H}^T \mathbf{H} = \begin{bmatrix} 3 & 6 & 14 \\ 6 & 14 & 36 \\ 14 & 36 & 98 \end{bmatrix}, \ (\mathbf{H}^T \mathbf{H})^{-1} = \begin{bmatrix} 19 & -21 & 5 \\ -21 & 24.5 & -6 \\ 5 & -6 & 1.5 \end{bmatrix},$$

$$(\mathbf{H}^T \mathbf{H})^{-1} \mathbf{H}^T = \begin{bmatrix} 3 & -3 & 1 \\ -2.5 & 4 & -1.5 \\ 0.5 & -1 & 0.5 \end{bmatrix}.$$

On obtient finalement avec $\mathrm{x} = [V_m(1), \ V_m(2), \ V_m(3)]^T = [6.58 \quad 22.73 \quad 48.62]^T$:

$$\hat{\theta}(\mathbf{x}) = \begin{bmatrix} \hat{\theta}_1(\mathbf{x}) \\ \hat{\theta}_2(\mathbf{x}) \\ \hat{\theta}_3(\mathbf{x}) \end{bmatrix} = \begin{bmatrix} 3V_m(1) - 3V_m(2) + V_m(3) \\ -2.5V_m(1) + 4V_m(2) - 1.5V_m(3) \\ 0.5V_m(1) - V_m(2) + 0.5V_m(3) \end{bmatrix} = \begin{bmatrix} 0.17 \\ 1.54 \\ 4.87 \end{bmatrix}.$$

4. *Performances statistiques de cet estimateur.* Pour évaluer les performances statistiques de cet estimateur, il faut calculer la matrice d'autocorrélation de l'estimateur sans biais à variance minimale. La définition de la matrice d'autocorrélation est :

$$\Gamma_{\hat{\theta}} = E[\hat{\theta}(\mathbf{x})\hat{\theta}^T(\mathbf{x})] - E[\hat{\theta}(\mathbf{x})]\mathrm{E}[\hat{\theta}(\mathbf{x})^T].$$

Dans notre cas, le modèle de mesure étant linéaire, cette matrice est égale à :

$$\Gamma_{\hat{\theta}} = (\mathbf{H}^T\Gamma_{\mathbf{b}}^{-1}\mathbf{H})^{-1} = (\mathbf{H}^T(\sigma^2\mathbf{I}_N)\mathbf{H})^{-1} = \sigma^2(\mathbf{H}^T\mathbf{H})^{-1}.$$

Numériquement, cela donne :

$$\Gamma_{\hat{\theta}} = \begin{bmatrix} 0.76 & -0.84 & 0.2 \\ -0.84 & 0.98 & -0.24 \\ 0.2 & -0.24 & 0.06 \end{bmatrix}.$$

La variance de l'estimateur de chaque paramètre est située sur la diagonale de la matrice d'autocorrélation :

$$V(\hat{\theta}_1) = 0.76\,,\ V(\hat{\theta}_2) = 0.98\,,\ V(\hat{\theta}_3) = 0.06\,.$$

C'est donc le paramètre θ_3 qui est estimé avec la plus grande précision.

5. *Montrer que la variable aléatoire $\varepsilon_i = \hat{\theta}_i(\mathbf{x}) - \theta_i$ est une variable aléatoire normale dont on déterminera la moyenne et la variance.* L'estimateur utilisé dans cet exercice étant un estimateur sans biais à variance minimale lorsque le modèle de mesure est linéaire, le vecteur $\hat{\theta}(\mathbf{x})$ est donc un vecteur de variables aléatoires gaussiennes. $\hat{\theta}_i(\mathbf{x})$ est alors une variable aléatoire gaussienne de moyenne θ_i, puisque l'estimateur est sans biais et de variance $V(\hat{\theta}_i)$. Or, si α est une variable aléatoire gaussienne de moyenne m et de variance σ_α^2 et si a et b sont deux nombres déterministes, alors la variable aléatoire $a\alpha + b$ est aussi une variable aléatoire gaussienne de moyenne $am + b$ et de variance $a^2\sigma_\alpha^2$. Par conséquent, $\varepsilon_i = \hat{\theta}_i(\mathbf{x}) - \theta_i$ est une variable aléatoire gaussienne de moyenne nulle, car l'estimateur est sans biais et de variance celle de l'estimateur $\hat{\theta}_i(\mathbf{x})$.

6. *Commentaires sur les résultats précédents en terme de précision d'estimation.* D'après la question précédente, les variances des $\hat{\theta}_i(\mathbf{x})$ calculées à la question 4 sont également les variances des erreurs ε_i.

On a donc : $\sigma_{\varepsilon_1}^2 = 0.76$, $\sigma_{\varepsilon_1} = 0.87$,

$$\sigma_{\varepsilon_2}^2 = 0.98\,,\ \sigma_{\varepsilon_2} = 0.99\,,$$

$$\sigma_{\varepsilon_3}^2 = 0.06\,,\ \sigma_{\varepsilon_3} = 0.24\,.$$

Si α est une variable aléatoire gaussienne de moyenne m et de variance σ_α^2, la fonction $Q(k)$, définie à l'Exercice 3 du chapitre 2, permet de déterminer la probabilité qu'une réalisation λ de α appartienne à l'intervalle $[m - k\sigma_\alpha < \lambda < m + k\sigma_\alpha]$. Cette probabilité est égale à :

$$\Pr(m - k\sigma_\alpha < \lambda < m + k\sigma\alpha) = 1 - 2Q(k)\,.$$

Donc, la probabilité de faire une erreur en valeur absolue supérieure à une fois l'écart type de ε_1, en choisissant la valeur de $\hat{\theta}_1(\mathbf{x}) = 0.17$, est égale à $2Q(1)$. Le même raisonnement s'applique à ε_2 pour la valeur $\hat{\theta}_2(\mathbf{x}) = 1.54$ et à ε_3 pour la valeur $\hat{\theta}_3(\mathbf{x}) = 4.87$. En utilisant les valeurs de la fonction Q données à l'Exercice 3 du chapitre 2, on trouve :

$$\Pr(\varepsilon_1 \notin [-\sigma_{\varepsilon_1}, \sigma_{\varepsilon_1}]) = 2Q(1) = 0.3174 \text{ en choisissant } \hat{\theta}_1(\mathbf{x}) = 0.17\,,$$

$$\Pr(\varepsilon_2 \notin [-\sigma_{\varepsilon_2}, \sigma_{\varepsilon_2}]) = 2Q(1) = 0.3174 \text{ en choisissant } \hat{\theta}_2(\mathbf{x}) = 1.54\,,$$

$$\Pr(\varepsilon_3 \notin [-\sigma_{\varepsilon_3}, \sigma_{\varepsilon_3}]) = 2Q(1) = 0.3174 \text{ en choisissant } \hat{\theta}_3(\mathbf{x}) = 4.87\,.$$

L'estimation la plus fiable et la plus précise est celle du paramètre θ_3 puis celle du paramètre θ_1 et enfin celle du paramètre θ_2. Mais l'ordre de grandeur des erreurs est important comparativement aux valeurs des grandeurs estimées. De plus, les probabilités associées aux erreurs sont importantes. L'estimation des paramètres θ_1, θ_2 et θ_3 ne peut pas être considérée comme fiable.

7. *En considérant le même type d'estimateur que précédemment mais en prenant cette fois 50 mesures, nous obtenons les valeurs des paramètres suivants,* $\hat{\theta}(\mathbf{x}) = [\hat{\theta}_1(\mathbf{x}) = 4.74\,10^{-1}, \hat{\theta}_2(\mathbf{x}) = 1, \hat{\theta}_3(\mathbf{x}) = 4.99]^T$, *la variance de chaque estimateur est alors égale à :*

$$V(\hat{\theta}_1(\mathbf{x})) = 7.8\,10^{-3},\ V(\hat{\theta}_2(\mathbf{x})) = 6.4\,10^{-5} \text{ et } V(\hat{\theta}_3(\mathbf{x})) = 2.3\,10^{-8}\,.$$

Montrer que la probabilité de faire une erreur respectivement supérieure à 0.26, 0.024 et $4.6\,10^{-4}$ *est égale à 0.003.*

Il convient de suivre le même raisonnement qu'à la question précédente.

Avec : $V(\varepsilon_1) = 7.8\,10^{-3}$, $\sigma_{\varepsilon_1} = 0.088317$,

$$V(\varepsilon_2) = 6.4\,10^{-5}, \ \sigma_{\varepsilon_2} = 0.008,$$

$$V(\varepsilon_3) = 2.3\,10^{-8}, \ \sigma_{\varepsilon_3} = 0.00015657.$$

Une erreur ε_1 supérieure à 0.26 correspond à une erreur supérieure à trois fois l'écart type de ε_1, une erreur ε_2 supérieure à 0.024 correspond à une erreur supérieure à trois fois l'écart type de ε_2, et une erreur ε_3 supérieure à $4.6\,10^{-4}$ correspond à une erreur supérieure à trois fois l'écart type de ε_3. La probabilité de faire une erreur en valeur absolue supérieure à trois fois l'écart type de ε_1, en choisissant la valeur de $\hat{\theta}_1(\mathbf{x}) = 0.474$, est égale à $2Q(3)$. Le même raisonnement s'applique à ε_2 pour la valeur $\hat{\theta}_2(\mathbf{x}) = 1$ et à ε_3 pour la valeur $\hat{\theta}_3(\mathbf{x}) = 4.99$.

$$\Pr(\varepsilon_1 \notin [-3\sigma_{\varepsilon_1}, 3\sigma_{\varepsilon_1}]) = 2Q(3) = 0.0027 \quad \text{en choisissant } \hat{\theta}_1(\mathbf{x}) = 0.474,$$

$$\Pr(\varepsilon_2 \notin [-3\sigma_{\varepsilon_2}, 3\sigma_{\varepsilon_2}]) = 2Q(3) = 0.0027 \quad \text{en choisissant } \hat{\theta}_2(\mathbf{x}) = 1,$$

$$\Pr(\varepsilon_3 \notin [-3\sigma_{\varepsilon_3}, 3\sigma_{\varepsilon_3}]) = 2Q(3) = 0.0027 \quad \text{en choisissant } \hat{\theta}_3(\mathbf{x}) = 4.99.$$

8. *Commentaires sur les résultats précédents en terme de précision d'estimation.* Les estimations des paramètres θ_2 et θ_3 sont suffisamment précises. Par contre, il serait souhaitable de prendre quelques mesures supplémentaires pour améliorer la précision sur l'estimation du paramètre θ_1.

■ Corrigé de l'exercice 4

1. *Montrer que les hypothèses du problème se prêtent à la recherche d'un estimateur linéaire non biaisé à variance minimale.* Le modèle de mesure utilisé pour l'estimation de C est $x(n) = C + b(n)$, avec $b(n)$ un bruit blanc de moyenne nulle et de variance σ^2, mais de densité de probabilité inconnue. On a donc :

$$E[x(n)] = E[C + b(n)] = C + E[b(n)] = C.$$

L'espérance $E[x(n)]$ est de la forme $E[x(n)] = s(n)C$, avec C le paramètre à estimer et $s(n) = 1$. Le problème se prête donc bien à l'utilisation d'un estimateur linéaire sans biais à variance minimale tel qu'il est vu dans la partie de cours. Le vecteur **s** est ici égal à :

$$\mathbf{s} = [1,1,...,1]^T .$$

2. *Détermination de l'estimateur.* Pour calculer l'estimateur linéaire sans biais à variance minimale, il faut donc déterminer la matrice d'autocorrélation $\Gamma_\mathbf{x}$ définie par :

$$\Gamma_\mathbf{x} = E[\mathbf{x}\mathbf{x}^T] - \mathbf{C}\mathbf{C}^T ,$$

avec **C** le vecteur à N composantes défini par :

$$\mathbf{C} = [C, C,..., C]^T .$$

Le développement du calcul de la matrice de corrélation $\Gamma_\mathbf{x}$ revient à calculer l'expression suivante :

$$\Gamma_\mathbf{x} = E\left[\begin{bmatrix} x(0) \\ x(1) \\ \vdots \\ x(N-1) \end{bmatrix} [x(0) \quad x(1) \quad \cdots \quad x(N-1)]\right] - \mathbf{C}\mathbf{C}^T ,$$

avec N le nombre de mesures effectuées. En calculant l'expression à l'intérieur des crochets, il vient :

$$\Gamma_\mathbf{x} = E\left[\begin{bmatrix} x^2(0) & \cdots & x(0)x(N-1) \\ \vdots & \ddots & \vdots \\ x(N-1)x(0) & \cdots & x^2(N-1) \end{bmatrix}\right] - \mathbf{C}\mathbf{C}^T ,$$

$$\Gamma_\mathbf{x} = \begin{bmatrix} E[x^2(0)] - C^2 & \cdots & E[x(0)x(N-1)] - C^2 \\ \vdots & \ddots & \vdots \\ E[x(N-1)x(0)]^2 - C^2 & \cdots & E[x^2(N-1)] - C^2 \end{bmatrix}.$$

Il faut donc maintenant calculer $E[x^2(n)]$ et $E[x(n)x(m)]$. En utilisant le modèle de mesure, on peut écrire :

$$\begin{aligned} E[x^2(n)] &= E[(C + b(n))^2] \\ &= E[C^2 + 2Cb(n) + b^2(n)] \\ &= C^2 + 2CE[b(n)] + E[b^2(n)] \end{aligned}$$

$$\begin{aligned} E[x(n)x(m)] &= E[(C + b(n))(C + b(m))] \\ &= E[C^2 + Cb(n) + Cb(m) + b(n)b(m)] \\ &= C^2 + CE[b(n)] + CE[b(m)] + E[b(n)b(m)]. \end{aligned}$$

Mais, $b(n)$ est un bruit blanc de moyenne nulle et de variance σ^2 donc $E[b(n)] = E[b(m)] = 0$, $E[b(n)^2] = \sigma^2$ et, les échantillons d'un bruit blanc étant décorrélés, $E[b(n)b(m)] = 0$. On a donc finalement :

$$E[x^2(n)] = C^2 + \sigma^2,$$

$$E[x(n)x(m)] = C^2.$$

La matrice d'autocorrélation est donc finalement égale à:

$$\Gamma_x = \begin{bmatrix} C^2+\sigma^2-C^2 & C^2-C^2 & \cdots & C^2-C^2 \\ C^2-C^2 & C^2+\sigma^2-C^2 & \ddots & \vdots \\ \vdots & \ddots & \ddots & C^2-C^2 \\ C^2-C^2 & \cdots & C^2-C^2 & C^2+\sigma^2-C^2 \end{bmatrix} = \sigma^2 \mathbf{I}_N,$$

avec $\mathbf{I}_N$ la matrice identité d'ordre N. L'expression générale de l'estimateur linéaire sans biais à variance minimale étant :

$$\hat{C} = \frac{\mathbf{s}^T \boldsymbol{\Gamma}_x^{-1} \mathbf{x}}{\mathbf{s}^T \boldsymbol{\Gamma}_x^{-1} \mathbf{s}},$$

on obtient l'estimateur de notre problème en remplaçant $\boldsymbol{\Gamma}_x$ par $\sigma^2 \mathbf{I}_N$:

$$\hat{C} = \frac{\mathbf{s}^T \dfrac{1}{\sigma^2} \mathbf{I}_N \mathbf{x}}{\mathbf{s}^T \dfrac{1}{\sigma^2} \mathbf{I}_N \mathbf{s}} = \frac{\mathbf{s}^T \mathbf{x}}{\mathbf{s}^T \mathbf{s}},$$

soit donc finalement : $$\hat{C} = \frac{1}{N} \sum_{n=0}^{N-1} x(n).$$

■ Corrigé de l'exercice 5

Détermination de l'estimateur de C par la méthode du maximum de vraisemblance.
Par définition, la fonction de vraisemblance est donnée par la densité de probabilité $p(\mathbf{x};C)$, avec $\mathbf{x}$ le vecteur de mesures et C le paramètre à estimer. $b(n)$ est un bruit blanc gaussien de moyenne nulle et de variance C.

Sa densité de probabilité est donnée par :

$$p(b(n)) = \frac{1}{\sqrt{2\pi C}} e^{\frac{-1}{2}\frac{b^2(n)}{C}}.$$

Le vecteur $\mathbf{b}=[b(0) \quad \cdots \quad b(N-1)]^T$, avec N le nombre de mesures, est constitué des échantillons d'un bruit blanc : ces échantillons sont donc décorrélés. De plus, le bruit blanc est gaussien. Or, pour une variable aléatoire gaussienne, la décorrélation est équivalente à l'indépendance. On a donc :

$$p(\mathbf{b}) = p(b(0)) \quad \cdots \quad p(b(N-1)),$$

$$p(\mathbf{b}) = \prod_{n=0}^{N-1} \frac{1}{\sqrt{2\pi C}} e^{\frac{-1}{2}\frac{b^2(n)}{C}},$$

soit :

$$p(\mathbf{b}) = \left(\frac{1}{\sqrt{2\pi C}}\right)^N e^{\frac{-1}{2C}\sum_{n=0}^{N-1} b^2(n)}.$$

Mais puisque $x(n) = C + b(n)$, chaque échantillon de bruit est égal à $b(n) = x(n) - C$. On en déduit que :

$$p(\mathbf{x};C) = \left(\frac{1}{\sqrt{2\pi C}}\right)^N e^{\frac{-1}{2C}\sum_{n=0}^{N-1}(x(n)-C)^2}.$$

Lorsque la fonction de vraisemblance est de type exponentielle (comme c'est le cas avec une loi normale), il est possible d'utiliser une méthode de calcul simplifiée pour déterminer l'estimateur par le maximum de vraisemblance. Cette méthode de calcul simplifiée consiste à maximiser la fonction $\ln(p(\mathbf{x};C))$. Cette fonction s'appelle la log-vraisemblance. Elle est ici égale à :

$$\ln(p(\mathbf{x};C)) = -\frac{N}{2}\ln(2\pi C) - \frac{1}{2C}\sum_{n=0}^{N-1}(x(n)-C)^2.$$

Il nous faut maintenant calculer la dérivée de cette expression par rapport à C :

$$\frac{\partial}{\partial C}\ln(p(\mathbf{x};C)) = -\frac{N}{2}\frac{2\pi}{2\pi C} - \left(\frac{1}{2C}\left(-2\sum_{n=0}^{N-1}(x(n)-C)\right) + \left(-\frac{1}{2C^2}\right)\sum_{n=0}^{N-1}(x(n)-C)^2\right),$$

$$\frac{\partial}{\partial C}\ln(p(\mathbf{x};C)) = -\frac{N}{2}\frac{2\pi}{2\pi C} + \frac{1}{C}\sum_{n=0}^{N-1}(x(n)-C) + \frac{1}{2C^2}\sum_{n=0}^{N-1}(x(n)-C)^2,$$

$$\frac{\partial}{\partial C}\ln(p(\mathbf{x};C)) = -\frac{N}{2C} + \frac{1}{2C^2}\sum_{n=0}^{N-1}(x^2(n) - 2Cx(n) + C^2) + \frac{1}{C}\sum_{n=0}^{N-1}(x(n)-C),$$

$$\frac{\partial}{\partial C}\ln(p(\mathbf{x};C)) = -\frac{N}{2C}+\frac{1}{2C^2}\sum_{n=0}^{N-1}x^2(n)-\frac{1}{2C^2}2C\sum_{n=0}^{N-1}x(n)+\frac{1}{2C^2}NC^2 + \frac{1}{C}\sum_{n=0}^{N-1}x(n)-\frac{1}{C}NC,$$

$$\frac{\partial}{\partial C}\ln(p(\mathbf{x};C)) = \frac{-NC+\sum_{n=0}^{N-1}x^2(n)-2C\sum_{n=0}^{N-1}x(n)+NC^2}{2C^2} + \frac{2C\sum_{n=0}^{N-1}x(n)-2NC^2}{2C^2},$$

$$\frac{\partial}{\partial C}\ln(p(\mathbf{x};C)) = \frac{-NC^2-NC+\sum_{n=0}^{N-1}x^2(n)}{2C^2}.$$

Soit finalement : $\frac{\partial}{\partial C}\ln(p(\mathbf{x};C)) = -\frac{N}{2C^2}(C^2+C-\frac{\sum_{n=0}^{N-1}x^2(n)}{N})$.

Il faut maintenant résoudre :

$$\frac{\partial}{\partial C}\ln(p(\mathbf{x};C)) = 0,$$

soit ici :

$$C^2+C-\frac{\sum_{n=0}^{N-1}x^2(n)}{N} = 0.$$

Le discriminent de cette équation du second degré est :

$$\Delta = 1+\frac{4}{N}\sum_{n=0}^{N-1}x^2(n).$$

Les racines sont donc :

$$X_{1,2}=\frac{1}{2}(-1\pm\sqrt{1+\frac{4}{N}\sum_{n=0}^{N-1}x^2(n)})=\frac{1}{2}(-1\pm 2\sqrt{\frac{1}{4}+\frac{1}{N}\sum_{n=0}^{N-1}x^2(n)}).$$

Il y a deux solutions possibles : une solution est positive et l'autre est négative. Mais le paramètre C que l'on cherche à estimer est une variance, donc C ne peut pas être négatif. De ce fait, l'estimateur de C par le maximum de vraisemblance est :

$$\hat{C}=\frac{1}{2}(-1+2\sqrt{\frac{1}{4}+\frac{1}{N}\sum_{n=0}^{N-1}x^2(n)}).$$

■ Corrigé de l'exercice 6

Détermination de l'estimateur de $\theta=[m,\sigma^2]^T$ *par la méthode du maximum de vraisemblance.* Par définition, la fonction de vraisemblance est donnée par la densité de probabilité $p(\mathbf{x};\theta)$, avec $\mathbf{x}$ le vecteur de mesures et θ le vecteur de paramètres à estimer. Les mesures étant indépendantes, et compte tenu des résultats obtenus pour l'Exercice 5 précédent, il vient :

$$p(x(n))=\frac{1}{\sqrt{2\pi\sigma^2}}e^{\frac{-1}{2}\left(\frac{x(n)-m}{\sigma}\right)^2},$$

$$p(\mathbf{x})=\prod_{n=0}^{N-1}\frac{1}{\sqrt{2\pi\sigma^2}}e^{\frac{-1}{2}\left(\frac{x(n)-m}{\sigma}\right)^2},$$

soit :

$$p(\mathbf{b},\theta)=(\frac{1}{\sqrt{2\pi\sigma^2}})^N e^{\frac{-1}{2\sigma^2}\sum_{n=0}^{N-1}(x(n)-m)^2}.$$

Comme dans l'Exercice 5 précédent, nous cherchons à maximiser la log-vraisemblance qui est ici égale à :

$$\ln(p(\mathbf{x};\theta))=-\frac{N}{2}\ln(2\pi\sigma^2)-\frac{1}{2\sigma^2}\sum_{n=0}^{N-1}(x(n)-m)^2.$$

La détermination de l'estimateur nécessite la résolution du système :

$$\begin{cases} \dfrac{\partial}{\partial m}\ln(p(\mathbf{x};\theta)) = 0 \\ \dfrac{\partial}{\partial \sigma^2}\ln(p(\mathbf{x};\theta)) = 0 \end{cases}.$$

Le calcul de chacune de ces dérivées partielles est égal à :

$$\frac{\partial}{\partial m}\ln(p(\mathbf{x};\theta)) = -\frac{1}{2\sigma^2}(-2\sum_{n=0}^{N-1}(x(n)-n)) ,$$

$$\frac{\partial}{\partial m}\ln(p(\mathbf{x};\theta)) = \frac{1}{\sigma^2}(\sum_{n=0}^{N-1}x(n) - Nm) ,$$

et :

$$\frac{\partial}{\partial \sigma^2}\ln(p(\mathbf{x};\theta)) = -\frac{N}{2}\frac{2\pi}{2\pi C^2} - (-\frac{1}{2(\sigma^2)^2})\sum_{n=0}^{N-1}(x(n)-m)^2 ,$$

$$\frac{\partial}{\partial \sigma^2}\ln(p(\mathbf{x};\theta)) = -\frac{N}{2\sigma^2} + \frac{1}{2(\sigma^2)^2}\sum_{n=0}^{N-1}(x(n)-m)^2 .$$

Il faut donc finalement résoudre :

$$\begin{cases} \dfrac{1}{\sigma^2}(\sum_{n=0}^{N-1}x(n) - Nm) = 0 \\ -\dfrac{N}{2\sigma^2} + \dfrac{1}{2(\sigma^2)^2}\sum_{n=0}^{N-1}(x(n)-m)^2 = 0 \end{cases}.$$

La première équation donne :

$$\sum_{n=0}^{N-1} x(n) = Nm ,$$

et donc :

$$\hat{m}(\mathbf{x}) = \frac{1}{N}\sum_{n=0}^{N-1}x(n) .$$

La deuxième équation donne :

$$\frac{1}{2(\sigma^2)^2}\sum_{n=0}^{N-1}(x(n)-\hat{m}(\mathbf{x}))^2 = \frac{N}{2\sigma^2} ,$$

$$\hat{\sigma}^2(\mathbf{x}) = \frac{1}{N}\sum_{n=0}^{N-1}(x(n) - \hat{m})^2 .$$

En remplaçant $\hat{m}(\mathbf{x})$ par son estimation, il vient :

$$\hat{\sigma}^2 = \frac{1}{N}\sum_{n=0}^{N-1}(x(n) - \frac{1}{N}\sum_{j=0}^{N-1}x(j))^2 .$$

■ Corrigé de l'exercice 7

1. *Méthode d'estimation adaptée.* Le bruit $b(n)$ est de statistique inconnue. Dans ce cas, la méthode d'estimation adaptée au problème est la méthode des moindres carrés.

2. *Estimation du vecteur de paramètres* $\theta = [A, B]^T$. Avec le modèle de mesure $x(n) = A + Bn + b(n)$, il convient de considérer $s(n;\theta) = A + Bn$. Pour une estimation par la méthode des moindres carrés, il faut minimiser le critère :

$$\begin{aligned}\mathbf{J}(\theta) &= \sum_{n=0}^{N-1}\varepsilon(n)^2 \\ &= \sum_{n=0}^{N-1}(x(n) - s(n;\theta))^2 \\ &= \sum_{n=0}^{N-1}(x(n) - A - Bn)^2,\end{aligned}$$

Ce qui revient à résoudre : $\begin{cases}\dfrac{\partial \mathbf{J}(\theta)}{\partial A} = 0 \\ \dfrac{\partial \mathbf{J}(\theta)}{\partial B} = 0\end{cases}.$

Le calcul des dérivées du critère en fonction des paramètres à estimer donne :

$$\begin{cases}\dfrac{\partial \mathbf{J}(\theta)}{\partial A} = -2\sum_{n=0}^{N-1}(x(n) - A - Bn) = 0 \\ \dfrac{\partial \mathbf{J}(\theta)}{\partial B} = -2\sum_{n=0}^{N-1}(x(n) - A - Bn)n = 0\end{cases},$$

soit donc :

$$\begin{cases} \sum_{n=0}^{N-1} x(n) - NA - B\sum_{n=0}^{N-1} n = 0 \\ \sum_{n=0}^{N-1} nx(n) - A\sum_{n=0}^{N-1} n - B\sum_{n=0}^{N-1} n^2 = 0 \end{cases}.$$

Mais comme :

$$\sum_{n=0}^{N-1} n = \frac{N(N-1)}{2}, \text{ et } \sum_{n=0}^{N-1} n^2 = \frac{N(N-1)(2N-1)}{6},$$

il faut résoudre :

$$\begin{cases} \sum_{n=0}^{N-1} x(n) = AN + B\frac{N(N-1)}{2} \\ \sum_{n=0}^{N-1} nx(n) = A\frac{N(N-1)}{2} + B\frac{N(N-1)(2N-1)}{6} \end{cases}.$$

Finalement, le système d'équations à résoudre est :

$$\begin{bmatrix} N & \frac{N(N-1)}{2} \\ \frac{N(N-1)}{2} & \frac{N(N-1)(2N-1)}{6} \end{bmatrix} \begin{bmatrix} A \\ B \end{bmatrix} = \begin{bmatrix} \sum_{n=0}^{N-1} x(n) \\ \sum_{n=0}^{N-1} nx(n) \end{bmatrix}.$$

Il est donc nécessaire de calculer :

$$\begin{bmatrix} N & \frac{N(N-1)}{2} \\ \frac{N(N-1)}{2} & \frac{N(N-1)(2N-1)}{6} \end{bmatrix}^{-1}$$

qui vaut :

$$\frac{12}{N^2(N-1)(N+1)} \begin{bmatrix} \frac{N(N-1)(2N-1)}{6} & -\frac{N(N-1)}{2} \\ -\frac{N(N-1)}{2} & N \end{bmatrix}.$$

Il est alors possible d'écrire :

$$\begin{bmatrix} A \\ B \end{bmatrix} = \begin{bmatrix} \dfrac{2(2N-1)}{N(N+1)} & -\dfrac{6}{N(N+1)} \\ -\dfrac{6}{N(N+1)} & \dfrac{12}{N(N^2-1)} \end{bmatrix} \begin{bmatrix} \sum_{n=0}^{N-1} x(n) \\ \sum_{n=0}^{N-1} n x(n) \end{bmatrix}.$$

En conclusion, l'estimation $\hat{\theta}(\mathbf{x})$ du vecteur de paramètres θ par la méthode des moindres carrés conduit à :

$$\begin{cases} \hat{A}(\mathbf{x}) = \dfrac{2(2N-1)}{N(N+1)} \sum_{n=0}^{N-1} x(n) - \dfrac{6}{N(N+1)} \sum_{n=0}^{N-1} n x(n) \\ \hat{B}(\mathbf{x}) = -\dfrac{6}{N(N+1)} \sum_{n=0}^{N-1} x(n) + \dfrac{12}{N(N^2-1)} \sum_{n=0}^{N-1} n x(n) \end{cases}.$$

■ Corrigé de l'exercice 8

1. *Montrer que :* $T(\mathbf{x}) = \sum_{n=0}^{N-1} x(n)$ *est une statistique suffisante pour l'estimation de A.*

On a vu dans l'Exercice 1 que :

$$p(\mathbf{x}; A) = \frac{1}{(\sqrt{2\pi\sigma^2})^N} e^{\frac{-1}{2\sigma^2} \sum_{n=0}^{N-1} (x(n)-A)^2}.$$

Si l'on développe le carré apparaissant dans l'exponentielle, cette densité de probabilité peut encore s'écrire :

$$p(\mathbf{x}; A) = \left(e^{\frac{A}{\sigma^2}\left(\sum_{n=0}^{N-1} x(n) - \frac{NA}{2}\right)}\right)\left(\frac{1}{(\sqrt{2\pi\sigma^2})^N} e^{-\frac{\sum_{n=0}^{N-1} x(n)^2}{2\sigma^2}}\right).$$

En posant alors : $$g(T(\mathbf{x}), A) = e^{\frac{A}{\sigma^2}\left(T(\mathbf{x}) - \frac{NA}{2}\right)},$$

$$h(\mathbf{x}) = \frac{1}{(\sqrt{2\pi\sigma^2})^N} e^{-\frac{\sum_{n=0}^{N-1} x(n)^2}{2\sigma^2}},$$

le théorème de Neyman-Fisher s'applique directement et :

$$T(\mathbf{x}) = \sum_{n=0}^{N-1} x(n),$$

est bien une statistique suffisante pour l'estimation de A.

2. *Montrer que la statistique $T(\mathbf{x})$ (définie à la question précédente) est complète.*
$T(\mathbf{x})$ est une somme de N variables aléatoires normales de moyenne A et de variance σ^2. T est donc une variable aléatoire normale de moyenne NA et de variance $N\sigma^2$. Par conséquent, la fonction :

$$f(T) = \frac{T}{N},$$

est une fonction non biaisée. Pour vérifier que T est complète, il faut vérifier qu'il n'en existe pas d'autre. Nous allons raisonner par l'absurde en supposant qu'il en existe une autre que nous appellerons $e(T)$. Cela implique nécessairement que :

$$E[f(T) - e(T)] = \int_{-\infty}^{+\infty} (f(T) - e(T)) \frac{1}{\sqrt{2\pi N\sigma^2}} e^{\frac{-1}{2N\sigma^2}(T-NA)^2} dT = 0 \quad \forall A \in \Re.$$

En posant :

$$y = NA, \; d(T) = f(T) - e(T), \; v(T) = \frac{1}{\sqrt{2\pi N\sigma^2}} e^{\frac{-1}{2N\sigma^2}(T)^2},$$

cette égalité peut encore s'écrire :

$$\int_{-\infty}^{+\infty} d(T) v(y-T) dT = 0 \;\; \forall y \in \Re.$$

Cette dernière égalité exprime que le produit de convolution entre d et v est égal à la fonction nulle. En prenant la transformée de Fourier de cette égalité, il vient immédiatement :

$$D(\nu)V(\nu) = 0 \;\; \forall \nu \in \Re,$$

avec $D(\nu)$ et $V(\nu)$ les transformées de Fourier respectives des fonctions d et v. Mais v étant une fonction de type gaussienne, sa transformée de Fourier est aussi une gaussienne et donc :

$$V(\nu) > 0 \;\; \forall \nu \in \Re.$$

De ce fait, il vient nécessairement que :

$$D(\nu) = 0 \ \forall \nu \in \Re .$$

Dès lors, puisque la transformée de Fourier d'une fonction est nulle si et seulement si cette fonction est nulle, on a nécessairement :

$$e(T) = f(T) .$$

La statistique est bien complète.

3. *Déduire l'estimateur sans biais à variance minimale de A.* T est une variable aléatoire normale de moyenne NA. Par conséquent, l'estimateur :

$$A_1(\mathbf{x}) = \frac{1}{N}\sum_{n=0}^{N-1} x(n) = \frac{T(\mathbf{x})}{N}$$

est un estimateur sans biais de A.

On applique alors le théorème de Rao-Blackwell-Lehman-Sheffe. L'estimateur :

$$A(\mathbf{x}) = E[\frac{1}{N}\sum_{n=0}^{N-1} x(n) | T(\mathbf{x})] = \frac{1}{N}\sum_{n=0}^{N-1} x(n)$$

est l'estimateur sans biais à variance minimale de A.

■ Corrigé de l'exercice 9

1. *Montrer qu'on ne peut pas déterminer d'estimateur efficace de m.* Il nous faut commencer par déterminer $p(\mathbf{x};m)$. Puisque $x(n)$ suit une loi uniforme entre zéro et A, sa densité de probabilité est égale à :

$$\begin{cases} p(x(n);m) = (\frac{1}{A}) = (\frac{1}{2m}) & x(n) \in [0,2m] \\ p(x(n);m) = 0 & x(n) \notin [0,2m] \end{cases} .$$

Puisque les échantillons sont indépendants, on peut directement écrire :

$$\begin{cases} p(\mathbf{x};m) = (\frac{1}{2m})^N & x(n) \in [0,2m] \quad \forall n \in \{0,1,\ldots,N-1\} \\ p(\mathbf{x};m) = 0 & \exists x(n) \notin [0,2m] \end{cases} .$$

Il est donc immédiat que la condition de régularité $E[\ln(p(\mathbf{x};m))] = 0$ ne peut être satisfaite et que donc on ne peut pas déterminer la borne de Cramer-Rao.

Montrer que $T(\mathbf{x}) = \max_{n\in\{0,1,\ldots N-1\}}(x(n))$ *est une statistique suffisante pour l'estimation de m.*

Afin de déterminer une statistique suffisante, nous allons transformer l'expression de $p(\mathbf{x};m)$ déterminée à la question précédente pour y faire intervenir explicitement la mesure. La densité $p(\mathbf{x};m)$ de la question 1 peut se mettre de façon équivalente sous la forme :

$$\begin{cases} p(\mathrm{x};m) = (\dfrac{1}{2m})^N & \max\limits_{n\in\{0,1,\ldots,N-1\}}(x(n)) \in [0,2m] \quad \text{et} \quad \min\limits_{n\in\{0,1,\ldots,N-1\}}(x(n)) \notin [0,2m] \\ p(\mathrm{x};m) = 0 & \end{cases}.$$

Cette dernière expression peut enfin se mettre sous la forme :

$$p(\mathbf{x};m) = (\frac{1}{2m})^N u(2m - \max_{n\in\{0,1,\ldots,N-1\}}(x(n)))u(\min_{n\in\{0,1,\ldots,N-1\}}(x(n))),$$

avec *u(t)* la fonction d'Heaviside définie par :

$$\begin{cases} u(t) = 1 & t \geq 0 \\ u(t) = 0 & t < 0 \end{cases}.$$

Par conséquent, en posant :

$$T(\mathbf{x}) = \max_{n\in\{0,1,\ldots,N-1\}}(x(n)),\ g(T,m) = (\frac{1}{2m})^N u(2m - T(\mathbf{x})),\ h(\mathbf{x}) = u(\min_{n\in\{0,1,\ldots,N-1\}}(x(n)),$$

le théorème de Neyman-Fisher s'applique directement et :

$$T(\mathbf{x}) = \max_{n\in\{0,1,\ldots,N-1\}}(x(n))$$

est bien une statistique suffisante pour l'estimation de m.

2. *Détermination de la densité de probabilité de la variable aléatoire T ; en déduire sa moyenne.* La densité de probabilité est la dérivée de la fonction de répartition. Nous allons donc commencer par déterminer cette fonction de répartition que nous noterons *F(t)* :

$$F(t) = \Pr(T < t) = \Pr(x(0) < t, \ldots, x(N-1) < t).$$

Les échantillons étant IID, cette probabilité peut encore s'écrire :

$$F(t) = \prod_{n=0}^{N-1} \Pr(x(n) < t) = (\Pr(x(n) < t))^N .$$

On appelle $p_T(t)$ la densité de probabilité de la variable aléatoire T :

$$p_T(t) = \frac{dF(t)}{dt} = N(\Pr(x(n) < t))^{N-1} \frac{d(\Pr(x(n) < t))}{dt} .$$

On est donc ramené à un problème de calcul de probabilité sur des variables aléatoires à distribution uniforme :

$$\begin{cases} \Pr(x(n) < t) = 0 & t < 0 \\ \Pr(x(n) < t) = \dfrac{t}{2m} & t \in [0,2m] \\ \Pr(x(n) < t) = 1 & t > 2m \end{cases} .$$

Quant au terme : $$\frac{d(\Pr(x(n) < t))}{dt},$$

il se déduit directement des égalité précédentes :

$$\begin{cases} \dfrac{d(\Pr(x(n) < t))}{dt} = \dfrac{1}{2m} & t \in [0,2m] \\ \dfrac{d(\Pr(x(n) < t))}{dt} = 0 & t \notin [0,2m] \end{cases} .$$

En définitive, il vient donc :

$$\begin{cases} p_T(t) = N(\dfrac{t}{2m})^{N-1} \dfrac{1}{2m} & t \in [0,2m] \\ p_T(t) = 0 & t \notin [0,2m] \end{cases} .$$

Calculons l'espérance de $E[T]$. Celle-ci est égale à :

$$E[T] = \int_0^{2m} tN(\frac{t}{2m})^{N-1} \frac{1}{2m} dt = \frac{N}{(2m)^N} \int_0^{2m} t^N dt = \frac{N}{(2m)^N} [\frac{t^{N+1}}{N+1}]_0^{2m} ,$$

soit donc à : $$E[T] = \frac{2Nm}{N+1} .$$

3. *Montrer que la statistique $T(\mathbf{x})$ est complète.* Soit la fonction :

$$f(T)=\frac{N+1}{2N}T\,.$$

D'après la question précédente, cette fonction est sans biais. Pour montrer qu'il n'en existe pas d'autre, nous allons raisonner par l'absurde en supposant qu'il en existe une autre que nous notons *e(T)* (on notera que puisque *T* appartient nécessairement à l'intervalle $[0,2m]$, les fonctions considérées ici ne sont définies que sur cet intervalle). Il vient nécessairement que :

$$E[f(T)-e(T)]=\int_0^{2m}(f(T)-e(T))N(\frac{T}{2m})^{N-1}\frac{1}{2m}dT=0\quad\forall m>0\,.$$

Cette égalité signifie que la fonction *l(m)* définie par :

$$l(m)=\int_0^{2m}(f(T)-e(T))T^{N-1}dT\quad\forall m>0\,.$$

est nulle. En dérivant cette fonction, il vient que :

$$(f(2m)-e(2m))m^{N-1}=0\ \forall m>0\,,$$

et donc :

$$f(t)=e(t)\ \forall t>0\,.$$

La statistique est donc complète.

4. *Déduire l'estimateur sans biais à variance minimale de m.* De la question précédente, on déduit que l'estimateur :

$$\hat{m}_1(\mathbf{x})=\frac{N+1}{2N}T(\mathbf{x})=\frac{N+1}{2N}\max_{n\in\{0,1,\ldots,N-1\}}(x(n))$$

est un estimateur sans biais de la moyenne.

On applique le théorème de Rao-Blackwell-Lehmann-Scheffe. L'estimateur :

$$\hat{m}(\mathbf{x})=E[\frac{N+1}{2N}\max_{n\in\{0,1,\ldots,N-1\}}(x(n))|T(\mathbf{x})]=\frac{N+1}{2N}\max_{n\in\{0,1,\ldots,N-1\}}(x(n))$$

est l'estimateur sans biais à variance minimale de la moyenne *m*.

La variance de cet estimateur est donc :

$$Var(\hat{m}) = (\frac{N+1}{2N})^2 Var(T).$$

On utilise le calcul de la densité de probabilité effectué à la question 3 pour calculer la variance de T :

$$Var(T) = \int_0^{2m} t^2 N(\frac{t}{2m})^{N-1} \frac{1}{2m} dt - (\frac{2Nm}{N+1})^2 = \frac{N}{(2m)^N} \int_0^{2m} t^{N+1} dt - \frac{4N^2m^2}{(N+1)^2},$$

$$Var(T) = \frac{4Nm^2}{N+2} - \frac{4N^2m^2}{(N+1)^2} = \frac{4Nm^2}{(N+2)(N+1)^2}.$$

En définitive, on a donc : $Var(\hat{m}) = \dfrac{4m^2}{N(N+2)}$.

5. *On suppose que l'on estime m à partir de l'estimateur* $\hat{m}_2(\mathbf{x}) = \frac{1}{N}\sum_{n=0}^{N-1} x(n)$. *Déterminer le biais et la variance de cet estimateur.*

L'espérance de l'estimateur $\hat{m}_2$ est égale à :

$$E[\hat{m}_2] = \frac{1}{N}\sum_{n=0}^{N-1} E[x(n)] = \frac{Nm}{N} = m.$$

L'estimateur est donc sans biais. Calculons maintenant la variance :

$$Var(\hat{m}_2) = E[(\frac{1}{N}\sum_{n=0}^{N-1} x(n))^2] - m^2,$$

$$Var(\hat{m}_2) = \frac{1}{N^2}\sum_{n=0}^{N-1} E[x(n)^2] + \frac{1}{N^2}\sum_{i=0}^{N-1}\sum_{\substack{j=0\\ j\neq i}}^{N-1} E[x(i)x(j)] - \frac{N^2}{N^2}m^2,$$

$$Var(\hat{m}_2) = \frac{1}{N^2}\sum_{n=0}^{N-1} (E[x(n)^2] - m^2) + \frac{1}{N^2}\sum_{i=0}^{N-1}\sum_{\substack{j=0\\ j\neq i}}^{N-1} (E[x(i)x(j)] - m^2).$$

Cependant, les variables $x(n)$ étant IID, elles sont nécessairement décorrélées et donc :

$$\sum_{i=0}^{N-1}\sum_{\substack{j=0\\j\neq i}}^{N-1}(E[x(i)x(j)]-m^2)=0 \text{ et } \frac{1}{N^2}\sum_{n=0}^{N-1}(E[x(n)^2]-m^2)=\frac{1}{N}Var(x(n)).$$

On obtient finalement :

$$Var(\hat{m}_2)=\frac{1}{N}Var(x(n))=\frac{4m^2}{12N}.$$

6. *Conclure sur l'estimation de la moyenne généralement utilisée.* Si l'on compare les variances des estimateurs $\hat{m}$ et $\hat{m}_2$, il apparaît clairement que l'estimateur $\hat{m}_2$ qu'on aurait naturellement tendance à utiliser pour calculer une moyenne s'avère beaucoup moins performant que l'estimateur sans biais à variance minimale $\hat{m}$.

Cet exemple montre bien que l'estimateur $\hat{m}_2$, bien que simple à utiliser, n'est pas un estimateur « universel » de la moyenne.

Il n'est optimal qu'en des situations bien précises.

Il faut en avoir bien conscience pour éviter toute erreur d'interprétation de résultats d'un traitement complexe dans lequel l'estimation de la moyenne apparaît.

■ Corrigé de l'exercice 10

1. *En prenant* $a=1$, $b=-0.4$ *et* $c=-0.8$, *écrire un programme Matlab™ qui génère un signal* $u(n)$ *carré non bruité et qui calcule* $y(n)$ *correspondant.*

Le programme Matlab™ ci-dessous génère un signal $u(n)$ carré de période donnée. La période est donnée en nombre d'échantillons.

```
%nombre d'échantillons utilisés pour la simulation
nb_mesures = 200;
%valeur de l'amplitude du signal
amplitude = 1;
```

```
%Longueur d'une période du signal carré
%en nombre d'échantillons
Longueur_periode = 12;
%Longueur d'une demi-période du signal carré
%en nombre d'échantillons
Longueur_demi_periode = fix(Longueur_periode/2);
%index dans le tableau u qui représente l'entrée
n = 1;
positif = 1;
fini = 0;
while ~fini
  j = 1;
  while and(j <= Longueur_demi_periode, ~fini)
    if positif
      u(n) = amplitude;
    else
      u(n) = -amplitude;
    end;
    n = n + 1;
    if n > nb_mesures
      fini = ~fini;
    end;
    j = j + 1;
  end;
  positif = ~positif;
end;
%numéro de l'échantillon
k = 1 : nb_mesures;
plot(k,u,'-k');
grid;
```

La figure 3.2 représente le signal $u(n)$.

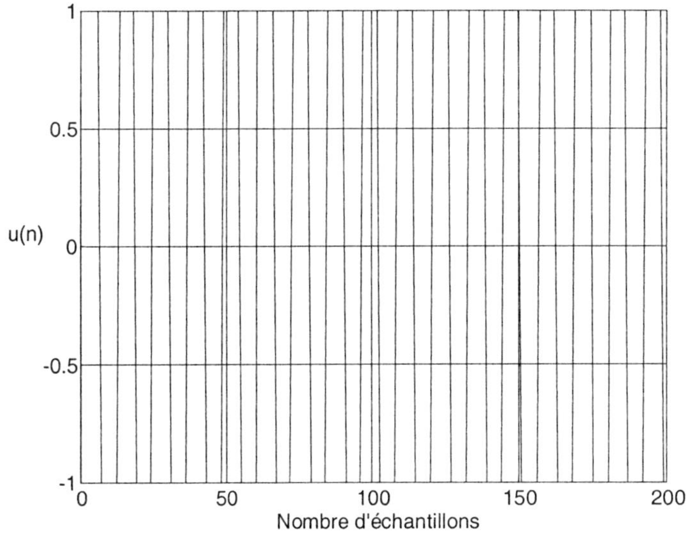

Figure 3.2 : Signal carré u(n) généré.

Pour obtenir les valeurs de la sortie $y(n)$ du système modélisé par l'équation de récurrence suivante :

$$y(n) = u(n) - 0.4u(n-1) - 0.8y(n-1),$$

il convient d'écrire la fonction de transfert échantillonnée de ce système :

$$\frac{y(n)}{u(n)} = \frac{1-0.4z^{-1}}{1+0.8z^{-1}},$$

pour pouvoir utiliser la fonction *filter* de Matlab™. Le programme Matab™ ci-dessous calcule les valeurs de la sortie $y(n)$ à partir des valeurs de $u(n)$ déterminées par le programme précédent.

```
%nombre d'échantillons utilisés pour la simulation
nb_mesures = 200;
%valeur de l'amplitude du signal
amplitude = 1;
%Longueur d'une période du signal carré
%en nombre d'échantillons
```

```
Longueur_periode = 12;
%Longueur d'une demi-période du signal carré
%en nombre d'échantillons
Longueur_demi_periode = fix(Longueur_periode/2);
%index dans le tableau u qui représente l'entrée
n = 1;
positif = 1;
fini = 0;
while ~fini
  j = 1;
  while and(j <= Longueur_demi_periode, ~fini)
    if positif
      u(n) = amplitude;
    else
      u(n) = -amplitude;
    end;
    n = n + 1;
    if n > nb_mesures
      fini = ~fini;
    end;
    j = j + 1;
  end;
  positif = ~positif;
end;
%numéro de l'échantillon
k = 1 : nb_mesures;
%coefficients du dénominateur
A = [1 0.8];
%coefficients du numérateur
B = [1 -0.4];
y = filter(B,A,u);
plot(k,u,'-k',k,y,':k');
grid;
```

La figure 3.3 représente le signal $u(n)$ et $y(n)$.

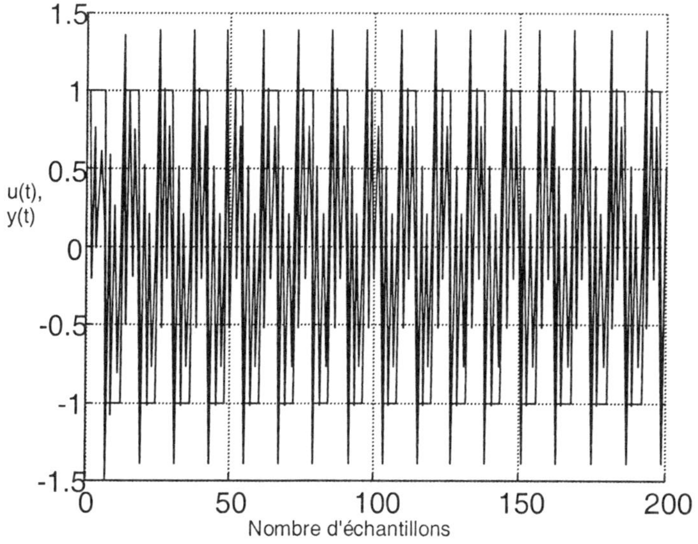

Figure 3.3 : Signal de sortie y(n) obtenue par filtrage de l'entrée u(n).

2. *Écrire un programme Matlab™ qui estime les paramètres a, b et c, à partir des données générées à la question précédente.* Le programme Matlab™ donné ci-dessous estime le vecteur de paramètres :

$$\theta = \begin{bmatrix} a \\ b \\ c \end{bmatrix},$$

par l'algorithme des moindres carrés récurrents, à partir des données générées par le programme Matlab™ précédent.

```
clear;
%nombre d'échantillons utilisés pour la simulation
nb_mesures = 200;
%valeur de l'amplitude du signal
amplitude = 1;
%Longueur d'une période du signal carré
```

```
%en nombre d'échantillons
Longueur_periode = 20;
%Longueur d'une demi-période du signal carré
%en nombre d'échantillons
Longueur_demi_periode = fix(Longueur_periode/2);
%index dans le tableau u qui représente l'entrée
n = 1;
positif = 1;
fini = 0;
while ~fini
  j = 1;
  while and(j <= Longueur_demi_periode, ~fini)
    if positif
      u(n) = amplitude;
    else
      u(n) = -amplitude;
    end;
    n = n + 1;
    if n > nb_mesures
      fini = ~fini;
    end;
    j = j + 1;
  end;
  positif = ~positif;
end;
%numéro de l'échantillon
k = 1 : nb_mesures;
%coefficients du dénominateur
Dénominateur = [1 0.8];
%coefficients du numérateur
Numérateur = [1 -0.4];
y = filter(Numérateur,Dénominateur,u)';
figure(1);
```

```
plot(k,u,'-k',k,y,':k');
grid;
xlabel('Donnees');
title('entree/sortie');
nb_coefficients_dénominateur = length(Dénominateur) - 1;
nb_coefficients_numérateur = length(Numérateur);
d = nb_coefficients_dénominateur + nb_coefficients_numérateur;
H = zeros(d,nb_mesures);
Theta = zeros(d,1);
Tab_theta = zeros(nb_mesures,d);
mu = 0.0001;
H(1,1) = u(1);
K = inv(H(:,1)'*H(:,1) + mu * eye(d));
for i = 1 : nb_mesures
  H(1,i) = u(i);
    if i - 1 ~= 0
    H(nb_coefficients_numérateur + 1, i) = y(i - 1);
  end;
  K = K - (K * H(:,i) * H(:,i)' * K)/(1 + H(:,i)' * K * H(:,i));
  Theta = Theta + K * H(:,i) * (y(i) - H(:,i)' * Theta);
  Tab_theta(i,:) = Theta';
  if i + 1 ~= nb_mesures
    for k = 2 : nb_coefficients_numérateur
      H(k,i + 1) = H(k - 1,i);
    end;
    for k = nb_coefficients_numérateur + 1 : d
      H(k,i + 1) = H(k - 1,i);
    end;
  end;
end;
figure(2);
plot(Tab_theta,'k');
grid;
```

Après avoir tracé les données utilisées en entrée, le programme affiche le résultat de l'estimation du vecteur de paramètres :

$$\theta = \begin{bmatrix} a \\ b \\ c \end{bmatrix}$$

par la méthode des moindres carrés récurrents.

Ce résultat est tracé dans la figure 3.4.

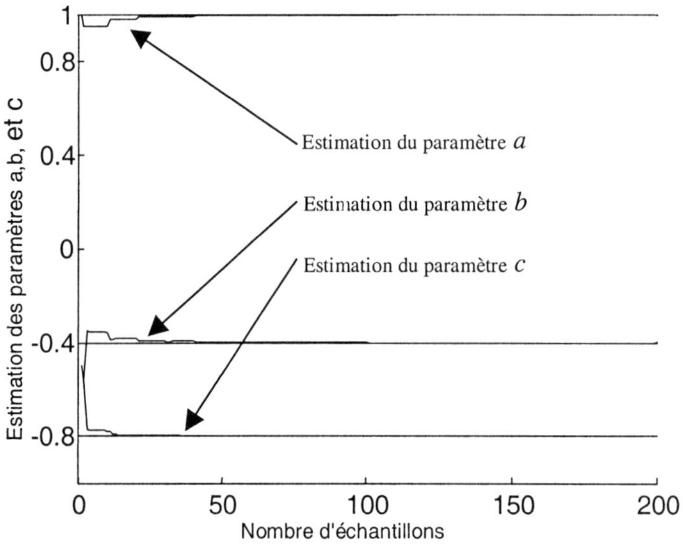

Figure 3.4 : Estimation des paramètres a, b , c par la méthode des moindres carrés récurrents.

3. *Écrire un programme Matlab™ qui estime les paramètres a, b et c en utilisant le modèle :* $y(n) = u(n) - 0.4u(n-1) - 0.8y(n-1) + b(n)$.

Pour obtenir les valeurs de la sortie $y(n)$ du système modélisé par l'équation de récurrence suivante :

$$y(n) = u(n) - 0.4u(n-1) - 0.8y(n-1) + b(n) ,$$

il convient d'écrire la fonction de transfert échantillonnée de ce système :

$$y(n) = \frac{1-0.4z^{-1}}{1+0.8z^{-1}}u(n) + \frac{1}{1+0.8z^{-1}}b(n)\,.$$

Le programme Matlab™ donné ci-dessous estime, dans ces nouvelles conditions, le vecteur de paramètres :

$$\theta = \begin{bmatrix} a \\ b \\ c \end{bmatrix},$$

par l'algorithme des moindres carrés récurrents.

```
clear;
%nombre d'échantillons utilisés pour la simulation
nb_mesures = 200;
%valeur de l'amplitude du signal
amplitude = 1;
%Longueur d'une période du signal carré
%en nombre d'échantillons
Longueur_periode = 20;
%Longueur d'une demi-période du signal carré
%en nombre d'échantillons
Longueur_demi_periode = fix(Longueur_periode/2);
%index dans le tableau u qui représente l'entrée
n = 1;
positif = 1;
fini = 0;
while ~fini
  j = 1;
  while and(j <= Longueur_demi_periode, ~fini)
    if positif
      u(n) = amplitude;
    else
      u(n) = -amplitude;
```

```
        end;
        n = n + 1;
        if n > nb_mesures
          fini = ~fini;
        end;
        j = j + 1;
      end;
      positif = ~positif;
    end;
    %numéro de l'échantillon
    k = 1 : nb_mesures;
    %coefficients du dénominateur
    Denominateur = [1 0.8];
    %coefficients du numérateur
    Numerateur = [1 -0.4];
    bruit = randn(nb_mesures,1)';
    bruit = bruit - mean(bruit);
    y=filter(Numerateur,Denominateur,u)' + filter(1,Denominateur,bruit)';
    figure(1);
    plot(k,u,'-k',k,y,':k');
    grid;
    xlabel('Donnees');
    title('entree/sortie');
    nb_coefficients_denominateur = length(Denominateur) -1;
    nb_coefficients_numerateur = length(Numerateur);
    d = nb_coefficients_denominateur + nb_coefficients_numerateur;
    H = zeros(d,nb_mesures);
    Theta = zeros(d,1);
    Tab_theta = zeros(nb_mesures,d);
    mu = 0.0001;
    H(1,1) = u(1);
    K = inv(H(:,1)' * H(:,1) + mu * eye(d));
    for i = 1:nb_mesures
```

```
    H(1,i) = u(i);
      if i - 1 ~= 0
      H(nb_coefficients_numerateur + 1, i) = y(i - 1);
    end;
    K = K - (K * H(:,i) * H(:,i)' * K)/(1 + H(:,i)' * K * H(:,i));
    Theta = Theta + K*H(:,i) * (y(i) - H(:,i)' * Theta);
    Tab_theta(i,:) = Theta';
    if i + 1 ~= nb_mesures
      for k = 2 : nb_coefficients_numerateur
        H(k,i + 1) = H(k - 1,i);
      end;
      for k = nb_coefficients_numerateur + 1 : d
        H(k,i + 1) = H(k - 1,i);
      end;
    end;
  end;
  figure(2);
  plot(Tab_theta,'k');
  grid;
```

Après avoir tracé les données utilisées en entrée , le programme affiche le résultat de l'estimation du vecteur de paramètres :

$$\theta = \begin{bmatrix} a \\ b \\ c \end{bmatrix},$$

dans le cas de données bruitées.

Ce résultat est tracé dans la figure 3.5.

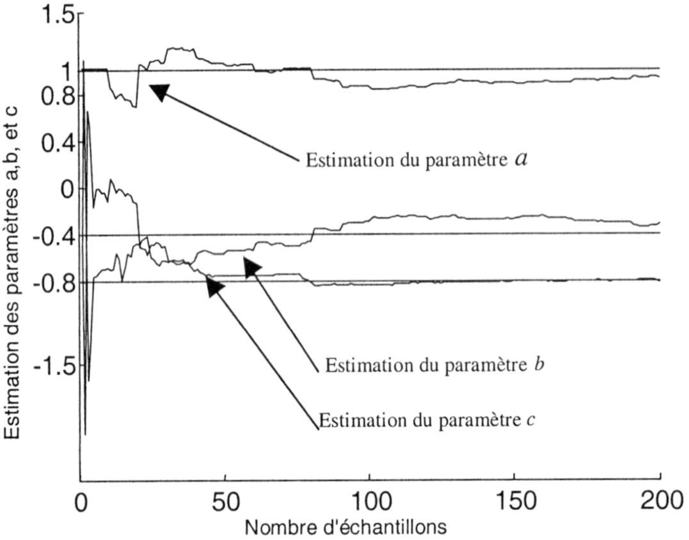

Figure 3.5 : Estimation des paramètres a, b, c dans le cas de données bruitées.

■ Corrigé de l'exercice 11

1. *Déterminer le paramètre d'un modèle de la forme* $\hat{y}(t) = a$ *avec a une constante. Préciser l'erreur obtenue avec ce modèle.*

En supposant une relation de la forme $\hat{y}(t) = a$, on suppose que la mesure de la sortie peut être modélisée par :

$$y(t) = f(a, b(t)) = f(s(\theta), b(t))$$

avec *b(t)* un bruit inconnu et : $\theta = a$ et $s(\theta) = a$.

En posant : $$\mathrm{s}(\theta) = \begin{bmatrix} \theta \\ \theta \\ \theta \\ \theta \end{bmatrix},$$

on a une relation linéaire entre **s** et θ :

$$\mathbf{s}(\theta) = \begin{bmatrix} 1 \\ 1 \\ 1 \\ 1 \end{bmatrix} \theta = \mathbf{H}\theta .$$

L'estimation $\hat{\theta}$ du paramètre θ par la méthode des moindres carrés est donnée par :

$$\hat{\theta} = [\mathbf{H}^T \mathbf{H}]^{-1} \mathbf{H}^T \mathbf{y} .$$

Les échantillons de l'erreur peuvent alors être calculés par la formule :

$$\mathbf{e} = \mathbf{y} - \mathbf{H}\hat{\theta} .$$

Avec les mesures données dans l'énoncé, on trouve que $\hat{a} = 1$. L'erreur est alors égale à :

$$\mathbf{e} = \begin{bmatrix} -1 \\ -0.1 \\ 1.1 \\ 0 \end{bmatrix} .$$

Le modèle obtenu par la méthode des moindres carrés est donc $y(t) = 1$.

2. *Déterminer les paramètres d'un modèle de la forme* $\hat{y}(t) = a + bu(t)$ *avec a et b deux constantes. Préciser l'erreur obtenue avec ce modèle.*

En supposant une relation de la forme $\hat{y}(t) = a + bu(t)$, on suppose que la mesure de la sortie peut être modélisée par :

$$y(t) = f(a + bu(t), b(t)) = f(s(\theta), b(t))$$

avec *b(t)* un bruit inconnu et :

$$\theta = [a, b]^T \quad \text{et} \quad s(\theta) = a + bu(t) .$$

En posant :
$$\mathbf{s}(\theta) = \begin{bmatrix} a + bu(1) \\ a + bu(2) \\ a + bu(3) \\ a + bu(4) \end{bmatrix},$$

on a une relation linéaire entre **s** et θ :

$$\mathbf{s}(\theta) = \begin{bmatrix} 1 & u(1) \\ 1 & u(2) \\ 1 & u(3) \\ 1 & u(4) \end{bmatrix} \theta = \mathbf{H}\theta .$$

L'estimation $\hat{\theta}$ du paramètres θ par la méthode des moindres carrés est donnée par :

$$\hat{\theta} = [\mathbf{H}^T \mathbf{H}]^{-1} \mathbf{H}^T \mathbf{y} .$$

Les échantillons de l'erreur peuvent alors être calculés par la formule :

$$\mathbf{e} = \mathbf{y} - \mathbf{H}\hat{\theta} .$$

Avec les mesures données dans l'énoncé, on trouve que le calcul de :

$$\hat{\theta} = \begin{bmatrix} \hat{a} \\ \hat{b} \end{bmatrix}$$

donne $\hat{a} = 0.37$, $\hat{b} = 0.42$. Le calcul de l'erreur donne alors:

$$\mathbf{e} = \begin{bmatrix} -0.37 \\ 0.11 \\ 0.89 \\ -0.63 \end{bmatrix} .$$

Le modèle obtenu par la méthode des moindres carrés est donc :

$$y(t) = 0.37 + 0.42u(t) .$$

3. *Déterminer les paramètres d'un modèle de la forme* $\hat{y}(t) = a + bu(t) + cu^2(t)$ *avec a, b et c trois constantes. Préciser l'erreur obtenue avec un tel modèle.*

En supposant une relation de la forme $\hat{y}(t) = a + bu(t) + cu^2(t)$, on suppose que la mesure de la sortie peut être modélisée par :

$$y(t) = f(a + bu(t) + cu(t)^2, b(t)) = f(s(\theta), b(t))$$

avec *b(t)* un bruit inconnu et :

$$\theta = [a, b, c]^T \quad \text{et} \quad s(\theta) = a + bu(t) + cu(t)^2 .$$

En posant :

$$\mathbf{s}(\theta) = \begin{bmatrix} a + bu(1) + cu(1)^2 \\ a + bu(2) + cu(2)^2 \\ a + bu(3) + cu(3)^2 \\ a + bu(4) + cu(4)^2 \end{bmatrix},$$

on a une relation linéaire entre **s** et θ :

$$\mathbf{s}(\theta) = \begin{bmatrix} 1 & u(1) & u(1)^2 \\ 1 & u(2) & u(2)^2 \\ 1 & u(3) & u(3)^2 \\ 1 & u(4) & u(4)^2 \end{bmatrix} \theta = \mathbf{H}\theta .$$

L'estimation $\hat{\theta}$ du paramètres θ par la méthode des moindres carrés est donnée par :

$$\hat{\theta} = [\mathbf{H}^T \mathbf{H}]^{-1} \mathbf{H}^T \mathbf{y} .$$

Les échantillons de l'erreur peuvent alors être calculés par la formule :

$$\mathbf{e} = \mathbf{y} - \mathbf{H}\hat{\theta} .$$

Avec les mesures données dans l'énoncé, le calcul de :

$$\hat{\theta} = \begin{bmatrix} \hat{a} \\ \hat{b} \\ \hat{c} \end{bmatrix},$$

donne $\hat{a} = -0.13$, $\hat{b} = 1.92$, $\hat{c} = -0.5$. Le calcul de l'erreur donne alors :

$$\mathbf{e} = \begin{bmatrix} 0.13 \\ -0.39 \\ 0.39 \\ -0.13 \end{bmatrix}.$$

Le modèle obtenu par la méthode des moindres carrés est donc :

$$y(t) = -0.13 + 1.92u(t) - 0.5u^2(t) .$$

■ Corrigé de l'exercice 12

1. *Estimateur efficace*. Le bruit possède une densité de probabilité exponentielle :

$$p(b(n)) = \lambda e^{-\lambda b(n)} .$$

Il faut calculer $p(\mathbf{b})$ avec $\mathbf{b}$ le vecteur défini par :

$$\mathbf{b} = [b(0) \quad \cdots \quad b(N-1)]^T ,$$

et avec N le nombre de mesures.

Par hypothèse, tous les échantillons du bruit sont indépendants. Il vient donc :

$$p(\mathbf{b}) = p(b(0)) \quad \cdots \quad p(b(N-1)) ,$$

$$p(\mathbf{b}) = \prod_{n=0}^{N-1} \lambda \mathrm{e}^{-\lambda b(n)} ,$$

$$p(\mathbf{b}) = \lambda^N \mathrm{e}^{-\lambda \sum_{n=0}^{N-1} b(n)} .$$

Le modèle de mesure est $x(n) = \theta + b(n)$, soit encore $b(n) = x(n) - \theta$. On peut donc écrire :

$$p(\mathbf{x};\theta) = \lambda^N \mathrm{e}^{-\lambda \sum_{n=0}^{N-1} (x(n)-\theta)} .$$

Pour pouvoir déterminer un estimateur sans biais à variance minimale du paramètre θ, il faut que la densité de probabilité $p(\mathbf{x};\theta)$ vérifie la condition :

$$E\left[\frac{\partial[\ln(p(\mathbf{x};\theta))]}{\partial\theta}\right] = 0 .$$

Le calcul de $\ln(p(\mathbf{x};\theta))$ donne :

$$\ln(p(\mathbf{x};\theta)) = N\ln(\lambda) - \lambda \sum_{n=0}^{N-1} (x(n) - \theta) ,$$

et celui de sa dérivée par rapport à θ :

$$\frac{\partial[\ln(p(\mathbf{x};\theta))]}{\partial\theta} = 0 - \lambda(-N) = N\lambda .$$

$N\lambda$ étant une constante non nulle, l'expression :

$$E\left[\frac{\partial \ln p(\mathbf{x};\theta)}{\partial \theta}\right] = 0$$

ne peut pas être vérifiée et il est impossible de déterminer un estimateur sans biais à variance minimale du paramètre θ.

2. *Peut-on déterminer un estimateur issu de la méthode du maximum de vraisemblance ?* Par définition, la fonction de vraisemblance est donnée par la densité de probabilité $p(\mathbf{x},\theta)$, avec $\mathbf{x}$ le vecteur de mesures et θ le paramètre à estimer. Pour déterminer un estimateur par la méthode du maximum de vraisemblance, il faut maximiser celle-ci. Ce qui, dans notre cas, n'est pas possible car la log-vraisemblance n'a pas de maximum, d'après la question précédente. Il est donc impossible de déterminer un estimateur du paramètre θ par la méthode du maximum de vraisemblance.

3. *Peut-on déterminer un estimateur linéaire sans biais à variance minimale de la forme :* $\hat{\theta}(\mathbf{x}) = \dfrac{\mathbf{s}^T \Gamma_{\mathbf{x}} \mathbf{x}}{\mathbf{s}^T \Gamma_{\mathbf{x}} \mathbf{s}}$ *?*

Pour déterminer l'estimateur $\hat{\theta}(\mathbf{x})$ linéaire sans biais à variance minimale du paramètre θ, il faut tout d'abord calculer l'espérance de $x(n)$, soit :

$$E[x(n)] = E[\theta + b(n)],$$

$$E[x(n)] = \theta + E[b(n)],$$

$$E[x(n)] = \theta + \frac{1}{\lambda}.$$

Cette expression ne peut pas se mettre sous la forme $E[x(n)] = s(n)\theta$, avec θ le paramètre à estimer.

En toute rigueur, il est donc impossible de déterminer un estimateur $\hat{\theta}(\mathbf{x})$ linéaire sans biais à variance minimale, tel qu'il est proposé dans la question.

Cependant, si l'on centre les échantillons $x(n)$, en retranchant à chaque échantillon la valeur :

$$\frac{1}{\lambda},$$

l'espérance de $x(n)$ peut se mettre sous la forme $E[x(n)] = s(n)\theta$, avec $s = [1,1,\cdots,1]^T$. Cela signifie que le modèle de mesure devient :

$$x(n) = \theta - \frac{1}{\lambda} + b(n).$$

Il est alors possible de déterminer un estimateur du paramètre θ de la forme :

$$\hat{\theta}(\mathbf{x}) = \frac{\mathbf{s}^T \boldsymbol{\Gamma}_\mathbf{x} \mathbf{x}}{\mathbf{s}^T \boldsymbol{\Gamma}_\mathbf{x} \mathbf{s}}.$$

Pour calculer cet estimateur, il faut déterminer la matrice d'autocorrélation $\boldsymbol{\Gamma}_\mathbf{x}$ définie par :

$$\boldsymbol{\Gamma}_\mathbf{x} = E[\mathbf{x}\mathbf{x}^T] - E[\mathbf{x}]E[\mathbf{x}^T].$$

Le développement du calcul de la matrice de corrélation $\boldsymbol{\Gamma}_\mathbf{x}$ conduit à :

$$\boldsymbol{\Gamma}_\mathbf{x} = E\left[\begin{bmatrix} x^2(0) - \theta^2 & \cdots & x(0)x(N-1) - \theta^2 \\ \vdots & \ddots & \vdots \\ x(N-1)x(0) - \theta^2 & \cdots & x^2(N-1) - \theta^2 \end{bmatrix}\right]$$

avec N le nombre de mesures effectuées. Cette matrice s'écrit encore :

$$\boldsymbol{\Gamma}_\mathbf{x} = \begin{bmatrix} E[x^2(0)] - \theta^2 & \cdots & E[x(0)x(N-1)] - \theta^2 \\ \vdots & \ddots & \vdots \\ E[x(N-1)x(0)] - \theta^2 & \cdots & E[x^2(N-1)] - \theta^2 \end{bmatrix}.$$

Il faut donc maintenant calculer $E[x^2(n)]$ et $E[x(n)x(m)]$:

$$\begin{aligned} E[x^2(n)] &= E[(\theta + b(n) - \frac{1}{\lambda})^2] \\ &= E[\theta^2 + 2\theta b(n) + b^2(n) + \frac{1}{\lambda^2} - 2\frac{\theta}{\lambda} - 2\frac{b(n)}{\lambda}] \\ &= \theta^2 + 2\theta E[b(n)] + E[b^2(n)] + \frac{1}{\lambda^2} - 2\frac{\theta}{\lambda} - 2\frac{E[b(n)]}{\lambda}. \end{aligned}$$

D'après les propriétés statistiques du bruit, $b(n)$ est un bruit de moyenne :

$$E[b(n)] = \frac{1}{\lambda}.$$

La variance du bruit $b(n)$ est, quant à elle, égale à :

$$E[b^2(n)] - (E[b(n)])^2 = \frac{1}{\lambda^2}.$$

Donc, d'après le calcul de la moyenne :

$$E[b^2(n)] = \frac{2}{\lambda^2},$$

Il vient :

$$E[x^2(n)] = \theta^2 + \frac{1}{\lambda^2}.$$

En ce qui concerne l'intercorrélation, on peut écrire :

$$\begin{aligned} E[x(n)x(m)] &= E[(\theta + b(n) - \frac{1}{\lambda})(\theta + b(m) - \frac{1}{\lambda})] \\ &= E[\theta^2 + \theta b(n) + \theta b(m) + b(n)b(m) - 2\frac{\theta}{\lambda} - \frac{b(n)}{\lambda} - \frac{b(m)}{\lambda} + \frac{1}{\lambda^2}] \end{aligned}$$

soit :

$$E[x(n)x(m)] = \theta^2 + \theta E[b(n)] + \theta E[b(m)] + E[b(n)b(m)] - 2\frac{\theta}{\lambda} - \frac{E[b(n)]}{\lambda} - \frac{E[b(m)]}{\lambda} + \frac{1}{\lambda^2}$$

Dans cette expression, on connaît déjà :

$$E[b(n)] = \frac{1}{\lambda}, \; E[b(m)] = \frac{1}{\lambda}.$$

Il reste à calculer $E[b(n)b(m)]$. Les échantillons du bruit $b(n)$ sont décorrélés donc $E[b(n)b(m)] - E[b(n)]E[b(m)] = 0$, d'où la valeur de $E[b(n)b(m)]$:

$$E[b(n)b(m)] = \frac{1}{\lambda^2}.$$

On obtient finalement :

$$E[x(n)x(m)] = \theta^2.$$

On en déduit l'expression finale de la matrice d'autocorrélation :

$$\Gamma_{\mathbf{x}} = \begin{bmatrix} \frac{1}{\lambda^2} & 0 & \cdots & 0 \\ 0 & \frac{1}{\lambda^2} & \ddots & \vdots \\ \vdots & \ddots & \ddots & 0 \\ 0 & \cdots & 0 & \frac{1}{\lambda^2} \end{bmatrix}$$

soit :

$$\Gamma_{\mathbf{x}} = \frac{1}{\lambda^2}\mathbf{I}_N$$

avec $\mathbf{I}_N$ la matrice identité d'ordre *N*. L'expression de l'estimateur linéaire sans biais à variance minimale est :

$$\hat{\theta}(\mathbf{x}) = \frac{\mathbf{s}^T\Gamma_{\mathbf{x}}^{-1}\mathbf{x}}{\mathbf{s}^T\Gamma_{\mathbf{x}}^{-1}\mathbf{s}}.$$

En remplaçant $\Gamma_{\mathbf{x}}$ par sa valeur, il vient :

$$\hat{\theta}(\mathbf{x}) = \frac{\mathbf{s}^T\lambda^2\mathbf{I}_N\mathbf{x}}{\mathbf{s}^T\lambda^2\mathbf{I}_N\mathbf{s}} = \frac{\mathbf{s}^T\mathbf{x}}{\mathbf{s}^T\mathbf{s}},$$

soit finalement :

$$\hat{\theta}(\mathbf{x}) = \frac{1}{N}\sum_{n=0}^{N-1} x(n).$$

4

ESTIMATEURS ISSUS DE L'APPROCHE BAYESIENNE

RAPPELS THÉORIQUES

4.1 Fonction coût et risque bayesien

Soit $\hat{\theta}(\mathbf{x})$ un estimateur d'un paramètre scalaire θ. On suppose, dans tout ce chapitre, que l'on se place dans le cadre de l'approche bayesienne et que, donc, θ est de nature aléatoire. Lorsque l'on cherche une estimation de θ, il semble raisonnable d'introduire la fonction erreur, encore appelée **innovation** (la définition est la même dans le cas vectoriel) :

$$\tilde{\theta} = \theta - \hat{\theta}(\mathbf{x}),$$

qui est, dans le cas général, une fonction de deux vecteurs de variables aléatoires. L'erreur étant de nature aléatoire, on ne peut tirer de conclusions sur la précision de l'estimation qu'à partir de valeurs moyennes associées à cette fonction erreur. Par exemple, on peut raisonnablement penser que plus la variance de $\tilde{\theta}$ sera faible, meilleure sera l'estimation. On peut donc rechercher l'estimateur $\hat{\theta}(\mathbf{x})$ qui minimise la quantité $E[\tilde{\theta}^2]$. L'approche bayesienne généralise ce raisonnement en introduisant une **fonction coût** $C(\tilde{\theta})$ et en recherchant l'estimateur qui minimise **le risque bayesien R** défini par :

$$\mathbf{R} = E[C(\tilde{\theta})].$$

Chaque fonction coût conduit à une famille particulière d'estimateur. Une des plus connues est la famille engendrée par $C(\tilde{\theta}) = \tilde{\theta}^T\tilde{\theta}$. Cette dernière fonction s'appelle l'**erreur quadratique**. Elle conduit à une méthode d'estimation appelée **estimation bayesienne en moyenne quadratique**.

4.2 Estimation bayesienne en moyenne quadratique

On cherche l'estimateur $\hat{\theta}(\mathbf{x})$ qui minimise le risque :

$$\mathbf{R} = E[(\theta - \hat{\theta}(\mathbf{x}))^T(\theta - \hat{\theta}(\mathbf{x}))].$$

Appelons $p(\mathbf{x}, \theta)$ la densité de probabilité du couple $(\mathbf{x}, \theta)$ et $p(\mathbf{x})$ la densité de probabilité du vecteur $\mathbf{x}$. Le risque s'écrit alors :

$$\mathbf{R} = \int_{\mathbf{x}}\int_{\theta}((\theta - \hat{\theta}(\mathbf{x}))^T(\theta - \hat{\theta}(\mathbf{x})))p(\mathbf{x}, \theta)d\mathbf{x}d\theta$$

ce qui, d'après la formule de Bayes, peut encore s'écrire:

$$\mathbf{R} = \int_{\mathbf{x}} p(\mathbf{x})[\int_{\theta}((\theta - \hat{\theta}(\mathbf{x}))^T(\theta - \hat{\theta}(\mathbf{x})))p(\theta|\mathbf{x})d\theta]d\mathbf{x}.$$

Mais puisque $p(\mathbf{x})$ est une fonction positive, minimiser $\mathbf{R}$ revient à minimiser l'intégrale :

$$\mathbf{I}(\hat{\theta}) = \int_{\theta}((\theta - \hat{\theta}(\mathbf{x}))^T(\theta - \hat{\theta}(\mathbf{x})))p(\theta|\mathbf{x})d\theta.$$

Pour cela, on calcule :

$$\frac{d(\mathbf{I}(\hat{\theta}))}{d\hat{\theta}} = \int_{\theta} -2(\theta - \hat{\theta}(\mathbf{x}))p(\theta|\mathbf{x})d\theta = 0.$$

Cette égalité s'écrit encore :

$$\int_{\theta} \theta\, p(\theta|\mathbf{x})d\theta = \hat{\theta}(\mathbf{x})\int_{\theta} p(\theta|\mathbf{x})d\theta = \hat{\theta}(\mathbf{x}).$$

Par conséquent, l'estimateur bayesien en moyenne quadratique est égal à :

$$\hat{\theta}(\mathbf{x}) = E[\theta|\mathbf{x}],$$

c'est-à-dire à l'espérance conditionnelle du paramètre recherché connaissant le vecteur de mesure.

Le problème principal de l'estimateur bayesien en moyenne quadratique consiste à déterminer, de façon explicite, l'espérance conditionnelle. Cette détermination est en général assez difficile. Le cas où $\mathbf{x}$ et θ sont conjointement gaussiens permet néanmoins de déterminer facilement des estimateurs. Lorsque l'on est incapable de faire cette hypothèse, on peut utiliser une approche simplifiée. Celle-ci consiste à supposer que l'estimateur est linéaire par rapport aux mesures. Cette approche conduit à un type d'estimation appelé **estimation linéaire en moyenne**

quadratique. Nous allons développer cette approche de l'estimation dans le cas où le paramètre à estimer est un scalaire.

4.3 Estimation linéaire en moyenne quadratique – Cas d'un paramètre scalaire à estimer

Dans ce type d'approche, on utilise toujours comme fonction coût l'erreur quadratique qui s'écrit $C(\tilde{\theta}) = \tilde{\theta}^2$ puisque le paramètre est un scalaire. Cependant, on impose à l'estimateur d'être linéaire par rapport à la mesure. L'estimateur est donc de la forme :

$$\hat{\theta}(\mathbf{x}) = \sum_{n=0}^{N-1} a_n x(n) + a_N \ .$$

Le problème consiste alors à déterminer, pour tout $n \in \{0,1,\ldots,N\}$, les coefficients $\{a_n\}$ de façon à rendre minimum le coût :

$$R = E((\theta - \hat{\theta}(\mathbf{x}))^2) = E[(\theta - \sum_{n=0}^{N-1} a_n x(n) - a_N)^2] .$$

Pour cela, il suffit de résoudre le système linéaire de $N+1$ équations à $N+1$ inconnues :

$$\frac{\partial R}{\partial a_n} = 0 \quad \forall n \in \{0,1,\ldots,N\} .$$

En pratique, cette forme d'estimateur est appelée **filtre de Wiener**. On peut montrer que si $\mathbf{x}$ et θ sont centrés alors nécessairement $a_N = 0$.

4.4 Interprétation géométrique de l'estimation bayesienne en moyenne quadratique

On suppose, dans tout ce paragraphe, que chaque mesure *x(n)* ainsi que le paramètre à estimer θ sont centrés. On suppose également que toutes ces variables aléatoires appartiennent à l'espace *L* des variables aléatoires du second ordre. Par conséquent, $\hat{\theta}(\mathbf{x})$ appartient à un sous-espace de *L*, que nous noterons *H*. Dans ces conditions, minimiser le coût $R = E((\theta - \hat{\theta}(\mathbf{x}))^T (\theta - \hat{\theta}(\mathbf{x})))$ revient à rechercher l'élément :

$$\hat{\theta}_{\mathrm{MQ}}(\mathbf{x}) \in H$$

qui minimise la distance $E((\theta-\hat{\theta}(\mathbf{x}))^T(\theta-\hat{\theta}(\mathbf{x})))$ entre un élément d'un espace de Hilbert et un sous-espace de ce même espace. La solution de ce problème est bien connue : cet élément est obtenu par projection orthogonale de θ sur H. Il est donc défini par :

$$E[(\theta-\hat{\theta}_{\mathrm{MQ}}(\mathbf{x}))\hat{\theta}(\mathbf{x})]=0 \quad \forall\hat{\theta}(\mathbf{x})\in H .$$

Ce principe est visualisé dans la figure 4.1.

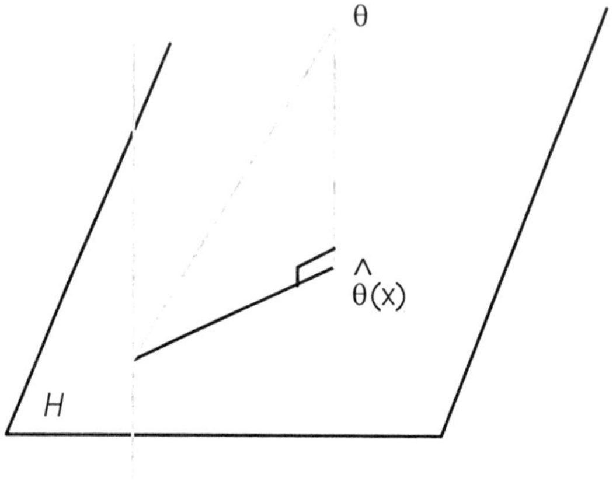

Figure 4.1 : Principe de projection orthogonale.

Appliquons ce résultat au cas de l'estimation bayesienne linéaire en moyenne quadratique pour un paramètre scalaire à estimer. Le sous-espace H est alors de la forme :

$$H=\left\{\hat{\theta}(\mathbf{x})\middle|\hat{\theta}(\mathbf{x})=\sum_{n=0}^{N-1}a_n x(n),a_n\in\Re\right\}.$$

D'après le théorème de projection orthogonale :

$$E[(\theta-\hat{\theta}_{\mathrm{MQ}}(\mathbf{x}))\hat{\theta}(\mathbf{x})]=0 \quad \forall\hat{\theta}(\mathbf{x})\in H .$$

L'égalité précédente étant vraie $\forall\hat{\theta}(\mathbf{x})\in H$, elle l'est en particulier pour $\hat{\theta}(\mathbf{x})=x(p)$ ($\forall p\in\{0,1,\ldots,N-1\}$). On peut donc écrire :

$$\forall p\in\{0,1,\ldots,N-1\},\ E[(\theta-\sum_{n=0}^{N-1}a_n x(n))x(p)]=0 ,$$

soit encore :

$$\forall p\in\{0,1,\ldots,N-1\},\ E[\theta x(p)]=\sum_{n=0}^{N-1}a_n\gamma_x(n-p) .$$

En notant : $\mathbf{a}_{LMQ}{}^T = [a_0, ..., a_{N-1}]$,

$$\mathbf{C}_{\theta\mathbf{x}}{}^T = [E(\theta x(0)), ..., E(\theta x(N-1))],$$

$$\Gamma_{\mathbf{x},N} = \begin{pmatrix} \gamma_\mathbf{x}(0) & \gamma_\mathbf{x}(1) & ... & \gamma_\mathbf{x}(N-1) \\ \gamma_\mathbf{x}(1) & \gamma_\mathbf{x}(0) & ... & \gamma_\mathbf{x}(N-2) \\ ... & ... & ... & ... \\ \gamma_\mathbf{x}(N-1) & \gamma_\mathbf{x}(N-2) & ... & \gamma_\mathbf{x}(0) \end{pmatrix},$$

l'ensemble des N égalités précédentes peuvent s'écrire de façon matricielle sous la forme :

$$\Gamma_{\mathbf{x},N}\mathbf{a}_{LMQ} = \mathbf{C}_{\theta\mathbf{x}}.$$

En supposant la matrice d'autocorrélation $\Gamma_{\mathbf{x},N}$ inversible, les coefficients du prédicteur linéaire optimal au sens de l'erreur quadratique moyenne minimale sont égaux à :

$$\mathbf{a}_{LMQ} = \Gamma_{\mathbf{x},N}{}^{-1}\mathbf{C}_{\theta\mathbf{x}}.$$

Cette égalité porte le nom d'**équations normales**. Le coût bayesien, encore égal à la variance de l'innovation, est alors égal à :

$$R = Var(\tilde{\theta}(\mathbf{x})) = E[(\theta - \sum_{n=0}^{N-1} a_n x(n))(\theta - \sum_{n=0}^{N-1} a_n x(n))],$$

$$Var(\tilde{\theta}(\mathbf{x})) = E[\theta(\theta - \sum_{n=0}^{N-1} a_n x(n))] - E[(\sum_{n=0}^{N-1} a_n x(n))\tilde{\theta}(\mathbf{x})].$$

En tenant compte du fait que les coefficients a_n présents dans cette égalité sont ceux de l'estimateur linéaire en moyenne quadratique (donc issus du théorème de projection orthogonale), l'égalité précédente se réduit à :

$$Var(\tilde{\theta}(\mathbf{x})) = E[\theta(\theta - \sum_{n=0}^{N-1} a_n x(n))],$$

soit finalement : $Var(\tilde{\theta}(\mathbf{x})) = Var(\theta) - \mathbf{a}_{LMQ}{}^T\mathbf{C}_{\theta\mathbf{x}} = R.$

4.5 Application à la prédiction d'un signal

4.5.1 Détermination du prédicteur

Soit le vecteur $\mathbf{x} = [x(n-1),...,x(n-l)]^T$ représentant les l derniers échantillons mesurés d'un signal jusqu'à l'instant $(n-1)T_e$.

On cherche à partir de la connaissance de ces échantillons à estimer (on dit alors **prédire**) la valeur de l'échantillon $x(n)$. Cette valeur estimée notée $\hat{x}(n)$ s'appelle la prédiction de $x(n)$ et l'estimateur $\hat{x}(n) = h(\mathbf{x})$ s'appelle un prédicteur.

La détermination d'un prédicteur peut se faire dans le cadre de l'estimation linéaire en moyenne quadratique.

Nous supposerons pour cela que le signal $x(n)$ est centré, ce qui ne limite en rien le raisonnement qui va suivre car il est toujours possible d'enlever la moyenne d'un signal pour le centrer.

Si l'on se place dans le cadre de l'estimation linéaire en moyenne quadratique et puisque le signal est centré, le prédicteur prend alors la forme :

$$\hat{x}(n) = \sum_{j=1}^{n-l} a_j x(n-j).$$

Soit, en posant $\mathbf{a}_l = [a_1,...,a_l]^T$: $\hat{x}(n) = \mathbf{a}_l^T \mathbf{x}$.

Le vecteur $\mathbf{a}_l$ s'appelle le **vecteur de régression**. En appliquant les résultats des paragraphes précédents, il vient immédiatement que les coefficients du prédicteur sont donnés par :

$$\mathbf{a}_l = \Gamma_{\mathbf{x},l}^{-1} \mathbf{c}_l,$$

avec : $\mathbf{c}_l = [\gamma_\mathbf{x}(1),...,\gamma_\mathbf{x}(l)]^T$,

$$\Gamma_{\mathbf{x},l} = \begin{pmatrix} \gamma_\mathbf{x}(0) & \gamma_\mathbf{x}(1) & ... & \gamma_\mathbf{x}(l-1) \\ \gamma_\mathbf{x}(1) & \gamma_\mathbf{x}(0) & ... & \gamma_\mathbf{x}(l-2) \\ ... & ... & ... & ... \\ \gamma_\mathbf{x}(l-1) & \gamma_\mathbf{x}(l-2) & ... & \gamma_\mathbf{x}(0) \end{pmatrix}.$$

Il vient également que :

$$Var(\tilde{x}(n)) = \gamma_\mathbf{x}(0) - \mathbf{c}_l^T \mathbf{a}_l = \varepsilon_l^2.$$

4.5.2 L'algorithme de Levinson

La résolution du système $\Gamma_{\mathbf{x},l}\mathbf{a}_l = \mathbf{c}_l$ peut se faire par les méthodes habituelles de l'analyse numérique. Lorsque la taille du vecteur de régression augmente, le nombre d'opérations nécessaires à la résolution de ce système augmente de façon critique, ce qui peut rendre cette résolution difficilement implémentable.

On a donc été amené à concevoir une méthode de résolution qui limite le nombre d'opérations à effectuer. On utilise pour cela des méthodes récurrentes dont l'une des plus connues s'appelle l'algorithme de Levinson. Celui-ci permet, à partir du vecteur $\mathbf{a}_1$ (qui est de dimension 1), de déterminer le vecteur $\mathbf{a}_l$ selon la structure récurrente suivante :

$$(\mathbf{a}_1,\varepsilon_1^2) \to (\mathbf{a}_2,\varepsilon_2^2) \to \ldots \to (\mathbf{a}_p,\varepsilon_p^2) \to (\mathbf{a}_{p+1},\varepsilon_{p+1}^2) \to \ldots \to (\mathbf{a}_l,\varepsilon_l^2) .$$

La détermination de l'algorithme de Levinson revient donc à déterminer la relation de récurrence entre le prédicteur d'ordre p et celui d'ordre $p+1$.

En supposant que l'on connaît la fonction d'autocorrélation jusqu'à l'ordre l et en utilisant les notations suivantes :

$$\mathbf{a}_n = [a_{n,1}, a_{n,2}, \ldots, a_{n,n}]^T ,\ \mathbf{a}_n^- = [a_{n,n}, a_{n,n-1}, \ldots, a_{n,1}]^T ,\ \mathbf{a}_{n+1} = [\mathbf{a}_{n+1}^n, a_{n+1,n+1}]^T ,$$

$$\text{et}\quad \mathbf{c}_n^- = [\gamma_\mathbf{x}(l), \gamma_\mathbf{x}(l-1), \ldots, \gamma_\mathbf{x}(1)]^T ,$$

l'algorithme de Levinson prend finalement la forme suivante :

Début :

$$\mathbf{a}_1 = a_{1,1} = \frac{\gamma_\mathbf{x}(1)}{\gamma_\mathbf{x}(0)} ,\ \mathbf{c}_1 = [\gamma_\mathbf{x}(1)] ,\ \varepsilon_1^2 = \gamma_\mathbf{x}(0) - \mathbf{c}_1^T \mathbf{a}_1$$

Pour *n*=1 à *l-1* faire :

$$\beta(n+1) = \gamma_\mathbf{x}(n+1) - (\mathbf{c}_n^-)^T \mathbf{a}_n$$

$$a_{n+1,n+1} = \frac{\beta(n+1)}{\varepsilon_n^2}$$

$$\mathbf{a}_{n+1}^n = \mathbf{a}_n - a_{n+1,n+1}\mathbf{a}_n^-$$

$$\varepsilon_{n+1}^2 = \varepsilon_n^2 (1 - (a_{n+1,n+1})^2)$$

Fin Pour.

Fin

L'algorithme de Levinson permet également de vérifier que l'inversion de la matrice $\Gamma_{\mathbf{x},l}$ pour le calcul du prédicteur d'ordre l est effectivement possible.

On peut montrer que si à **toutes** les étapes de l'algorithme les coefficients $a_{n,n}$ sont tels que $(a_{n,n})^2 < 1$, alors l'inversion est possible et le prédicteur existe.

On remarquera que, dans ces conditions, augmenter l'ordre du prédicteur améliore nécessairement la prédiction puisqu'à chaque étape on a $\varepsilon_{n+1}^2 = \varepsilon_n^2(1-(a_{n+1,n+1})^2)$. L'erreur de prédiction est donc une **fonction décroissante** de l'ordre.

4.5.3 Commentaires liés à la détermination pratique des coefficients du prédicteur

Quelle que soit la méthode utilisée pour déterminer les coefficients du prédicteur, il est nécessaire de vérifier que le signal traité est de moyenne nulle. Il faut également connaître la fonction d'autocorrélation au moins jusqu'à un ordre égal à celui du prédicteur.

Comment réaliser ces deux opérations de façon pratique ?

Pour vérifier que le signal est de moyenne nulle, deux approches sont possibles. On peut tout d'abord chercher à montrer de façon rigoureuse que c'est le cas en recherchant une modélisation probabiliste des échantillons $x(n)$.

Si une telle approche n'est pas possible, on recherche un estimateur de la moyenne m de $x(n)$ et on calcule l'estimation de cette moyenne sur les échantillons de mesure dont on dispose.

Dans un premier temps, on peut choisir l'estimateur :

$$\hat{m}(\mathbf{x}) = \frac{1}{N}\sum_{n=0}^{N} x(n),$$

ce qui peut revenir à supposer que le signal x est gaussien ; l'estimateur est alors obtenu par la méthode du maximum de vraisemblance. Si ce n'est pas le cas, l'estimateur est sous-optimal et il peut être nécessaire d'en rechercher un autre.

En ce qui concerne la fonction d'autocorrélation, le principe est le même. Si l'on ne peut pas la déterminer de façon exacte, on cherche un estimateur. Dans un premier temps, si le signal est réel, on peut utiliser l'un des deux estimateurs classiques suivants :

$$\text{Estimateur 1 : } \begin{cases} \hat{\gamma}_x(p>0) = \frac{1}{N-p}\sum_{n=0}^{N-p-1} x(n)x(n+p) \\ \hat{\gamma}_x(-p) = \hat{\gamma}_x(p) \end{cases},$$

$$\text{Estimateur 2 : } \begin{cases} \hat{\gamma}_x(p>0) = \frac{1}{N} \sum_{n=0}^{N-p-1} x(n)x(n+p) \\ \hat{\gamma}_x(-p) = \hat{\gamma}_x(p) \end{cases}.$$

L'estimateur 1 est un estimateur non biaisé de la fonction d'autocorrélation alors que l'estimateur 2 est un estimateur asymptotiquement non biaisé.

4.6 Modélisation paramétrique d'un signal et d'un système

4.6.1 Notion de modèle

En pratique, il arrive fréquemment qu'on ne connaisse pas le modèle physique qui a permis de générer la suite d'échantillons $\{x(n)\}$.

Dans le cas des systèmes linéaires discrets, cela signifie qu'on ne connaît pas l'équation aux différences du système qui génère l'échantillon $x(n)$ à partir d'échantillons antérieures $x(n-j)$ et d'entrées éventuelles.

Une solution pour pallier cette déficience est de présupposer une équation aux différences dont on cherche à estimer les paramètres à partir de mesures réalisées sur le système réel. On peut, par exemple, supposer que :

$$x(n) = \sum_{j=1}^{N-1} a_j x(n-j) + u(n),$$

avec $u(n)$ un bruit blanc de variance σ_u^2 qui modélise la méconnaissance que nous avons sur le système. Un tel modèle s'appelle un modèle autorégressif ou encore modèle **AR**.

On peut également supposer que :

$$x(n) = \sum_{j=0}^{M-1} b_j u(n-j),$$

avec $u(n)$ qui est toujours un bruit blanc. Ce modèle s'appelle un modèle à moyenne mobile ou encore modèle **MA** (*Moving Average*).

En regroupant les deux modèles précédents, on obtient un modèle **ARMA** défini par :

$$x(n) = \sum_{j=0}^{M-1} b_j u(n-j) + \sum_{k=1}^{N-1} a_k x(n-k).$$

Si l'on considère l'égalité précédente comme la relation entrée-sortie d'un système linéaire d'entrée *u(n)* et de sortie *x(n)* et qu'on en prend la transformée en *z*, il vient :

$$\frac{X(z)}{U(z)} = H(z) = \frac{\sum_{j=0}^{M-1} b_j z^{-j}}{1 - \sum_{k=1}^{N-1} a_k z^{-k}} .$$

Les paramètres du modèle de signal sont donc également les coefficients de la fonction de transfert génératrice du signal *x(n)*, l'entrée à mettre à ce système étant un bruit blanc de variance σ_u^2. Nous allons voir que, dans le cas du modèle AR, la détermination des paramètres $\{a_k\}$ peut être réalisée à l'aide des équations normales, et donc de l'algorithme de Levinson.

4.6.2 Lien entre prédiction et modélisation paramétrique

On suppose dans tout ce qui suit que le signal *x(n)* est de moyenne nulle et qu'on réalise un prédicteur linéaire d'ordre infini obtenu par la méthode de l'estimation bayesienne en moyenne quadratique :

$$\hat{x}(n) = \sum_{k=1}^{+\infty} a_k x(n-k) .$$

Par définition de l'innovation, il vient que :

$$x(n) = \sum_{k=1}^{+\infty} a_k x(n-k) + \tilde{x}(n) .$$

Si l'on calcule la fonction d'autocorrélation, de l'innovation, on obtient :

$$\gamma_{\tilde{x}}(p) = E(\tilde{x}(n+p)\tilde{x}(n)) = E(\tilde{x}(n+p)(x(n) - \sum_{k=1}^{+\infty} a_k x(n-k))) .$$

D'après ce qui a été vu dans les paragraphes précédents, les coefficients du prédicteur optimal sont obtenus par application du théorème de projection orthogonale qui dit que l'observation passée (donc les *x*(*n*-*k*)) est orthogonale à l'innovation c'est-à-dire à $\tilde{x}(n)$.

Par conséquent, la fonction d'autocorrélation de l'innovation est nulle si *p* est différent de zéro : c'est donc un bruit blanc. Par conséquent, déterminer un prédicteur linéaire en moyenne quadratique revient à effectuer une modélisation AR d'ordre infini du signal *x(n)*, c'est-à-dire du processus générateur.

Dans la pratique, il est impossible de réaliser un prédicteur d'ordre infini et donc de modéliser strictement tout signal par un modèle AR. On se limite donc à un ordre fini l suffisamment grand pour que l'innovation soit presque un bruit blanc, c'est-à-dire pour que $\gamma_{\tilde{x}}(0)$ soit beaucoup plus grand que $\gamma_{\tilde{x}}(p)$ pour $p \neq 0$. En effet, si le prédicteur n'est pas d'ordre infini, il n'y a plus aucune raison que l'innovation soit blanche.

La fonction de transfert du filtre générateur de $x(n)$ est égale à :

$$\frac{X(z)}{U(z)} = H(z) = \frac{1}{1 - \sum_{k=1}^{l} a_k z^{-k}}.$$

Si l'on utilise l'algorithme de Levinson pour déterminer les coefficients du filtre, la stabilité de ce dernier ne nécessite aucun calcul complémentaire. En effet, on peut montrer que si à **toutes** les étapes de l'algorithme les coefficients $a_{n,n}$ sont tels que $(a_{n,n})^2 < 1$, alors le filtre est stable.

4.7 Les critères d'Akaike

Nous avons déjà vu un critère purement statistique pour déterminer l'ordre de grandeur du prédicteur : on le choisit pour que l'innovation soit une variable aléatoire presque blanche dans le cas où l'on veut obtenir un modèle AR du signal étudié.

Lorsque l'on implémente un prédicteur, il y a néanmoins un autre type de critère qui entre en jeu : le nombre de coefficients. En effet, plus celui-ci est grand, plus il va falloir de temps pour calculer la prédiction et plus il va falloir de mémoire : augmenter l'ordre du prédicteur a donc un coût d'implémentation.

Ce coût est une fonction croissante de l'ordre, contrairement aux critères statistiques comme la variance de l'erreur de prédiction ou la blancheur de la fonction d'autocorrélation de cette même erreur. L'idéal serait donc de trouver un ordre qui soit un compromis entre un critère statistique suffisamment faible et un coût d'implémentation pas trop élevé.

En 1974, Akaike a proposé, pour le choix de l'ordre, des critères qui prennent en compte les remarques que nous venons de développer. Ces critères sont de la forme :

$$C(\varepsilon_l^2, l) = f(\varepsilon_l^2) + g(l),$$

et les fonctions f et g dépendent du contexte. L'ordre optimal est obtenu en minimisant un critère par rapport à l. On peut citer à titre d'exemple :

* le critère **F**inal **P**rediction **E**rror :

$$C_{FPE}(\varepsilon_l^2, l) = \varepsilon_l^2 \frac{(N+l+1)}{N-l-1}$$

avec N le nombre total de points observés pour la réalisation du prédicteur,

* le critère **AIC** issu de la théorie de l'information :

$$C_{FPE}(\varepsilon_l^2, l) = Log(\varepsilon_l^2) + \frac{2(l+1)}{N},$$

* le critère **M**inimum **D**escription **L**ength :

$$C_{MDL}(\varepsilon_l^2, l) = Log(\varepsilon_l^2) + \frac{(l+1)}{N} Log(N).$$

Tous ces critères ont tendance à sous-estimer l'ordre nécessaire à une bonne prédiction. Il faut donc les utiliser comme des moyens pour obtenir des ordres de grandeur. On effectue ensuite un réglage en augmentant un peu l'ordre.

4.8 Estimation de la densité spectrale de puissance d'un signal aléatoire stationnaire

Nous supposerons, dans ce paragraphe, que le signal aléatoire x est stationnaire et centré. Cette dernière hypothèse n'est en rien restrictive puisque l'on a vu qu'il est toujours possible d'enlever sa moyenne à un signal pour le centrer. Dans ces conditions, sa densité spectrale de puissance est obtenue par la transformée de Fourier de la fonction d'autocorrélation :

$$X(\nu) = \sum_{n=-\infty}^{+\infty} \gamma_x(n) e^{-2j\pi\nu n T_e}.$$

D'un point de vue pratique, sauf si la fonction d'autocorrélation est connue de façon rigoureuse et que la série converge, on ne peut calculer cette somme. On peut estimer cette densité spectrale de puissance de la façon suivante : on commence par déterminer une estimation de la fonction d'autocorrélation sur P points, on réalise alors une Transformée de Fourier Discrète sur cette estimation par le biais d'un algorithme de FFT *(Fast Fourier Transform)*. Malheureusement, cette méthode a le désavantage, entre autre, de limiter la résolution de la densité estimée à celle de la Transformée de Fourier Discrète c'est-à-dire :

$$\Delta\nu = \frac{1}{PT_e}.$$

Aussi, lorsque l'on peut déterminer un modèle paramétrique du système générateur du signal x, on peut calculer cette densité spectrale d'une autre manière. En effet, si x est modélisé comme la sortie d'un filtre de fonction de transfert :

$$\frac{X(z)}{U(z)} = H(z) = \frac{\sum_{j=0}^{M-1} b_j z^{-j}}{1 - \sum_{k=1}^{N-1} a_k z^{-k}},$$

dont l'entrée est un bruit blanc u de variance σ_u^2, alors la densité spectrale de puissance de x est égale à :

$$X(\nu) = \left| H(z = e^{2j\pi \frac{\nu}{\nu_e}}) \right|^2 \sigma_u^2 .$$

4.9 Le filtre de Kalman

4.9.1 Détermination du filtre

Le filtre de Kalman est un estimateur-prédicteur très puissant que l'on utilise lorsque le modèle de mesure peut se mettre sous la forme d'un modèle d'état. Dans le cas discret, ce modèle d'état prend la forme :

$$\begin{cases} \theta(k+1) = \mathbf{F}(k)\theta(k) + \mathbf{u}(k) + \mathbf{v}(k) \\ \mathbf{x}(k) = \mathbf{H}(k)\theta(k) + \mathbf{b}(k) \end{cases}$$

avec :
- $\mathbf{x}(k)$ le vecteur de mesure à l'instant k,
- $\theta(k)$ la valeur, à l'instant k, du vecteur de paramètre à estimer ; ce vecteur est aussi appelé vecteur d'état,
- $\mathbf{u}(k)$ une entrée connue du système,
- $\mathbf{v}(k)$ le bruit d'état : c'est un vecteur dont les composantes sont des bruits blancs gaussiens,

- $\mathbf{b}(k)$ le bruit de mesure : c'est un vecteur dont les composantes sont des bruits blancs gaussiens,
- $\mathbf{F}(k)$ est une matrice connue appelée matrice d'évolution,
- $\mathbf{H}(k)$ est une matrice connue appelée matrice de mesure.

On se pose alors le problème suivant : à partir de la connaissance des vecteurs de mesure jusqu'à l'instant l, on cherche à estimer la valeur de l'état $\theta(l)$ et à prédire la valeur de l'état suivant $\theta(l+1)$. On cherche à résoudre ce problème pour chaque instant l. La solution de ce problème peut être déterminée de plusieurs manières. Toutes conduisent au même résultat connu sous le nom de **filtre de Kalman**. Dans le cadre de l'estimation bayesienne en moyenne quadratique, on le résout en faisant les hypothèses suivantes :

* $\mathbf{v}(k)$ est tel que sa matrice d'autocorrélation $\mathbf{Q}(k)$ à l'instant k est définie non négative. De plus, on a :

$$E[\mathbf{v}(k)\mathbf{v}(j)^T] = \mathbf{Q}(k)\delta_{kj}$$

avec δ_{kj} le symbole de Kronecker défini par $\delta_{kj}=0$ si $k \neq j$, et $\delta_{kj}=1$ sinon.

* $\mathbf{b}(k)$ est indépendant de tout vecteur $\mathbf{v}(j)$ et sa matrice d'autocorrélation $\mathbf{R}(k)$ à l'instant k est définie positive. De plus, on a:

$$E[\mathbf{b}(k)\mathbf{b}(j)^T] = R(k)\delta_{kj}.$$

* L'état initial $\theta(0)$ est aléatoire et indépendant de tout vecteur bruit $\mathbf{v}(k)$. Il suit une loi normale de moyenne $\mathbf{m}_0$ et de matrice d'autocorrélation Λ_0.

Appelons alors : $\hat{\theta}(l|l)$ l'estimation de l'état $\theta(l)$ à partir de la connaissance de tous les vecteurs de mesures $\mathbf{x}(k)$ jusqu'à l'instant l et :

$$\hat{\theta}(l+1|l)$$

la prédiction de l'état $\theta(l+1)$ à partir des mêmes mesures.

Nous avons vu que si l'on se place dans le cadre de l'estimation bayesienne en moyenne quadratique alors :

$$\hat{\theta}(l|l) = E[\theta(l)|\mathbf{x}(l),\mathbf{x}(l-1),\ldots,\mathbf{x}(0)],$$

$$\hat{\theta}(l+1|l) = E[\theta(l+1)|\mathbf{x}(l),\mathbf{x}(l-1),\ldots,\mathbf{x}(0)].$$

En introduisant les équations du modèle d'état dans ces deux inégalités, on peut montrer que $\hat{\theta}(l|l)$ et $\hat{\theta}(l+1|l)$ sont calculés de façon récurrente à partir de l'algorithme suivant :

<u>Début</u>

$l \leftarrow 0$

$\mathbf{H}(0)$, $\mathbf{F}(0)$, $\mathbf{R}(0)$, $\mathbf{Q}(0)$, $\mathbf{u}(0)$

$\hat{\theta}(0|0) = \mathbf{m}_0$, $\mathbf{P}(0|0) = \Lambda_0$

$\hat{\theta}(1|0) = \mathbf{F}(0)\hat{\theta}(0|0) + \mathbf{u}(0)$

$\mathbf{P}(1|0) = \mathbf{F}(0)\mathbf{P}(0|0)\mathbf{F}(0)^T + \mathbf{Q}(0)$

<u>Tant qu'une nouvelle mesure</u> $\mathbf{x}(l+1)$ <u>est disponible faire</u> :

$\mathbf{K}(l+1) = \mathbf{P}(l+1|l)\mathbf{H}(l+1)^T(\mathbf{H}(l+1)\mathbf{P}(l+1|l)\mathbf{H}(l+1)^T + \mathbf{R}(l+1))^{-1}$

$\hat{\theta}(l+1|l+1) = \hat{\theta}(l+1|l) + \mathbf{K}(l+1)(\mathbf{x}(l+1) - \mathbf{H}(l+1)\hat{\theta}(l+1|l))$

$\mathbf{P}(l+1|l+1) = \mathbf{P}(l+1|l) - \mathbf{K}(l+1)\mathbf{H}(l+1)\mathbf{P}(l+1|l)$

$l \leftarrow l+1$

$\hat{\theta}(l+1|l) = \mathbf{F}(l)\hat{\theta}(l|l) + \mathbf{u}(l)$

$\mathbf{P}(l+1|l) = \mathbf{F}(l)\mathbf{P}(l|l)\mathbf{F}(l)^T + \mathbf{Q}(l)$

attendre la mesure suivante

<u>Fin Tant que</u>

<u>Fin</u>

Dans cet algorithme, les matrices $\mathbf{P}(l|l)$ et $\mathbf{P}(l+1|l)$ sont les matrices d'autocorrélation de l'erreur d'estimation et de l'erreur de prédiction. Elles sont respectivement définies par :

$$\mathbf{P}(l|l) = E[(\theta(l) - \hat{\theta}(l|l))(\theta(l) - \hat{\theta}(l|l))^T \,|\, \mathbf{x}(l), \mathbf{x}(l-1), \ldots, \mathbf{x}(0)],$$

$$\mathbf{P}(l+1|l) = E[(\theta(l+1) - \hat{\theta}(l+1|l))(\theta(l+1) - \hat{\theta}(l+1|l))^T \,|\, \mathbf{x}(l), \mathbf{x}(l-1), \ldots, \mathbf{x}(0)].$$

La matrice $\mathbf{K}(l)$ s'appelle le gain de Kalman.

4.9.2 Initialisation du vecteur d'état lors de l'utilisation d'un filtre de Kalman

La démonstration du filtre de Kalman suppose que le vecteur d'état initial est gaussien de moyenne $\mathbf{m}_0$. On montre alors que cette valeur est aussi celle du vecteur d'état estimé $\hat{\theta}(0|0)=\mathbf{m}_0$. En pratique, il est souvent difficile de déterminer cette valeur $\mathbf{m}_0$ et une façon classique d'initialiser le vecteur d'état estimé consiste à utiliser un autre estimateur (classiquement un estimateur des moindres carrés) agissant sur les premières mesures.

4.9.3 Initialisation de la matrice d'autocorrélation P(0|0)

La démonstration du filtre de Kalman suppose que le vecteur d'état initial est gaussien de matrice d'autocorrélation Λ_0. On montre alors que cette valeur est, théoriquement, aussi celle de la matrice d'autocorrélation initiale $\mathbf{P}(0|0)$. Malheureusement, là encore, il est souvent difficile, en pratique, de déterminer cette matrice Λ_0.

On peut effectuer cette initialisation de la façon suivante : la détermination, a priori, de l'intercorrélation des composantes de l'erreur étant difficile à estimer, on initialise les termes non diagonaux de $\mathbf{P}(0|0)$ à 0. Les éléments diagonaux sont eux initialisés avec une valeur relativement grande. En effet, ces termes diagonaux sont une mesure de l'incertitude sur la valeur de $\hat{\theta}(0|0)$. Or, au début de procédure d'estimation, cette incertitude, étant donnée l'initialisation de $\hat{\theta}(0|0)$, est grande. On compte alors sur la structure récurrente du filtre de Kalman pour corriger cette erreur initiale et converger vers une estimation plus précise de θ.

4.9.4 Divergence du filtre de Kalman

Il se peut que le filtre de Kalman ne converge pas vers une valeur proche de celle de l'état bien que le modèle d'état soit bon ainsi que toutes les modélisations statistiques des bruits. Cette divergence peut être due à un problème d'implémentation. En effet, toute matrice de corrélation est nécessairement symétrique et définie non négative (voir même définie positive). Or, l'implémentation sur un calculateur utilisant nécessairement une dynamique de codage finie, ces matrices peuvent perdre ces propriétés. Ce cas peut survenir si les matrices sont mal conditionnées. Une des conséquences possibles de cette perte du caractère symétriques et du caractère défini non négatif est que le filtre peut diverger. Il existe des algorithmes d'implémentation du filtre permettant de garantir la conservation de ces propriétés.

On pourra, par exemple, implémenter un algorithme dit **racine carrée** qui propage non pas la matrice $\mathbf{P}(0|0)$ mais la racine carrée de cette matrice.

4.9.5 Autres formes du filtre de Kalman

Nous avons présenté dans les paragraphes qui précédent la forme la plus simple du filtre de Kalman : modèle d'état discret et bruits blancs gaussiens. Il convient de noter que le filtre de Kalman peut être déterminé pour d'autres hypothèses : modèles d'état continus ou continus-discrets et bruits colorés, par exemple. Si les équations changent, la structure du filtre reste néanmoins la même.

On notera enfin qu'il est possible de retrouver le filtre de Kalman par le biais d'une approche classique et d'un critère de type moindres carrés.

ÉNONCÉS DES EXERCICES

■ Exercice 1

On cherche à estimer la valeur d'une constante C noyée dans un bruit blanc $b(n)$ de moyenne nulle, sachant que l'on a effectué N mesures. Le modèle de mesure utilisé est $x(n) = C + b(n)$. Une étude préliminaire a permis de déterminer que $C \in [-5,+5]$ et que le bruit de mesure possède une variance $\sigma^2 = 4$. De plus, $b(n)$ est totalement indépendant de C.

1. Déterminer le filtre de Wiener d'ordre 1 qui permet l'estimation de la constante C à partir des mesures $x(n)$.
2. En utilisant le théorème de projection orthogonale, déterminer le filtre de Wiener d'ordre 2 qui permet l'estimation de la constante C à partir des mesures $x(n)$.

■ Exercice 2

Considérons le cadre de l'estimation bayesienne, avec la fonction coût $C(\tilde{\theta})$ suivante :

$$C(\tilde{\theta}) = 0 \text{ si } \left|\tilde{\theta}\right| \leq \delta ,$$

$$C(\tilde{\theta}) = 1 \text{ si } \left|\tilde{\theta}\right| > \delta ,$$

avec δ un réel positif quelconque.

1. Écrire l'expression du risque bayesien.
2. Montrer que la recherche de l'estimateur revient à minimiser l'intégrale :

$$\int_{\theta} C(\tilde{\theta})\, p(\theta|\mathbf{x}) d\theta .$$

3. En remarquant que $p(\theta|\mathbf{x})$ est une densité de probabilité, montrer que la détermination de l'estimateur revient, en fait, à maximiser la fonction $J(\hat{\theta})$ définie par :

$$J(\hat{\theta}) = \int_{\hat{\theta}-\delta}^{\hat{\theta}+\delta} p(\theta|\mathbf{x}) d\theta .$$

En utilisant le fait que :

$$\frac{\partial}{\partial u}\Big(\int_{\phi_1(u)}^{\phi_2(u)} h(u,v)dv\Big) = \int_{\phi_1(u)}^{\phi_2(u)} \frac{\partial(h(u,v))}{\partial u}dv + \frac{d\phi_2(u)}{du}h(u,\phi_2(u)) - \frac{d\phi_1(u)}{du}h(u,\phi_1(u)),$$

4. Montrer que l'estimateur $\hat{\theta}(\mathbf{x})$ doit vérifier :

$$\lim_{\delta \to 0} \frac{p(\hat{\theta}+\delta|\mathbf{x}) - p(\hat{\theta}-\delta|\mathbf{x})}{2\delta} = 0 .$$

5. Déduire de la question précédente que :

$$\hat{\theta}(\mathbf{x}) = \max_{\theta}(p(\theta|\mathbf{x})) .$$

Cet estimateur s'appelle l'estimateur du **maximum a posteriori**.

On considère maintenant le modèle de mesure suivant:

$$x(n) = \theta + b(n) .$$

La suite de cet exercice consiste à déterminer un estimateur du maximum a posteriori de θ. On suppose que θ suit une loi normale de moyenne nulle et de variance σ_θ^2. De même, le bruit b est gaussien, blanc, de moyenne nulle et chaque échantillon $b(n)$ a une variance égale à σ_b^2.

6. Montrer que : $$p(\theta|\mathbf{x}) = \frac{p(\mathbf{x}|\theta)p(\theta)}{p(\mathbf{x})} .$$

7. Déduire de la question précédente l'estimateur du maximum a posteriori de θ qui utilise N mesures $x(n)$.

■ Exercice 3

Soit le système défini par l'équation aux différences suivantes :

$$y(n+1) = ay(n) + bu(n) + e(n+1) + ce(n) ,$$

avec y la sortie, u l'entrée et e un signal de type bruit blanc de moyenne nulle et de variance σ^2.

Le but de cet exercice consiste à déterminer l'entrée $u(n)$ (appelée dans ce cadre commande) à appliquer à un système pour que la variance de la sortie $y(n+1)$ soit minimale.

1. En supposant $e(0)$, $y(p)$ et $u(p)$ connus jusqu'à l'instant n, montrer qu'il est possible de déterminer $e(n)$ pour tout n.
2. On se place dans le cadre de l'estimation bayesienne en moyenne quadratique et on appelle $\hat{y}(n+1|n)$ l'estimation de $y(n+1)$ à partir de tous les paramètres qui peuvent être déterminés à l'instant n, c'est-à-dire $y(n)$, $u(n)$ et $e(n)$. Déterminer $\hat{y}(n+1|n)$.
3. Les variances de $y(n+1)$ et de $\hat{y}(n+1|n)$ sont respectivement notées :

$$\sigma_y^2 \text{ et } \sigma_{\hat{y}}^2.$$

Montrer que : $$\sigma_y^2 = \sigma^2 + \sigma_{\hat{y}}^2.$$

4. Déduire de la question précédente que la variance de $y(n+1)$ est minimale si $\hat{y}(n+1|n) = 0$ pour tout n.
5. Déduire de la question précédente l'expression de $u(n)$ permettant de minimiser la variance de $y(n+1)$.

■ Exercice 4

Soit un signal échantillonné $x(n)$ dont les premières valeurs de la fonction d'autocorrélation sont données dans le tableau 4.1 :

Tableau 4.1. Cinq premières valeurs de la fonction d'autocorrélation

n	0	1	2	3	4
$\gamma_x(n)$	7.0638	3.3388	−3.3943	−6.1354	−2.5189

1. En utilisant la méthode directe qui utilise la résolution de l'équation normale, déterminer les prédicteurs d'ordre 1, 2, 3 et 4 du signal x.
2. Calculer les variances des erreurs de prédiction pour chacun des prédicteurs déterminés à la question précédente.
3. À partir des questions précédentes, déterminer une expression de $x(n)$ en fonction d'un nombre limité et minimum des échantillons précédents et d'une variable aléatoire $u(n)$ à déterminer.
4. En supposant que l'on dispose d'un enregistrement suffisamment long de mesure $x(n)$ d'un estimateur de la moyenne et d'un estimateur de la fonction d'autocorrélation d'une variable aléatoire, comment peut-on vérifier que la variable aléatoire $u(n)$ de la question précédente est un bruit blanc gaussien ?

5. En utilisant l'algorithme de Levinson, déterminer les prédicteurs d'ordre 1, 2, 3 et 4 du signal x.

6. Pour le prédicteur d'ordre 4 de la question précédente, évaluer le gain en terme d'opérations lorsque l'on utilise l'algorithme de Levinson par rapport à la méthode directe. Si l'on utilise la méthode de Gauss pour résoudre l'équation normale d'ordre l, on effectue :

$\frac{l(l+1)}{2}$ divisions,

$\frac{l(l-1)(2l+5)}{6}$ additions et le même nombre de multiplications.

7. Le système échantillonné que l'on cherche à identifier possède une fonction de transfert $G(z^{-1})$ inconnue. On suppose que $G(z^{-1})$ ne possède qu'un seul zéro égal à zéro. L'ordre de multiplicité de ce zéro reste à déterminer. Écrire $G(z^{-1})$.

8. Afin d'identifier les paramètres de la fonction de transfert, le système est soumis à une entrée $u(n)$ qui est un bruit blanc gaussien de moyenne nulle et de variance $\sigma^2 = 1$. La sortie $y(n)$ du système est mesurée et la fonction de corrélation de y est estimée. Les résultats de cette estimation sont donnés dans le tableau 4.2. Dans ces conditions, déterminer une estimation de la fonction de transfert $G(z^{-1})$.

Tableau 4.2. Cinq premières valeurs de la fonction d'autocorrélation

n	0	1	2	3	4
$\gamma_y(n)$	7.0638	3.3388	−3.3943	−6.1354	−2.5189

■ Exercice 5

Nous proposons, dans cet exercice, de mettre en œuvre l'algorithme de Levinson et la modélisation autorégressive pour réaliser l'analyse spectrale d'une sinusoïde noyée dans un bruit blanc gaussien additif. La résolution de cet exercice nécessite un ordinateur afin de programmer et de mettre en œuvre cet algorithme. Un moyen simple et rapide consiste à utiliser le logiciel Matlab™ mais ce n'est pas une obligation.

1. Générer N = 4096 échantillons d'une sinusoïde noyée dans un bruit blanc gaussien additif de moyenne nulle et de variance 1. La fréquence de la sinusoïde est 3500 Hz. On choisira une fréquence d'échantillonnage qui vérifie la condition de Shannon : par exemple $F_e = 10000\ Hz$. Nous appellerons x le signal composé de la sinusoïde et du bruit et $x(n)$ un échantillon de ce signal.

À partir de maintenant, on suppose que la seule chose que l'on connaisse sur x est sa nature : une sinusoïde (c'est-à-dire un signal déterministe dont un échantillon est noté $s(n)$) noyée dans un bruit blanc gaussien dont un échantillon est noté $b(n)$. Nous allons chercher à déterminer la fréquence de cette sinusoïde. La méthode est imposée : on cherche un modèle autorégressif de x et les coefficients du modèle doivent être calculés à l'aide de l'algorithme de Levinson.

2. Quelle vérification préliminaire doit-on effectuer à partir des échantillons $x(n)$?

3. Réaliser l'estimation de la fonction d'autocorrélation $\gamma_x(p)$ de x pour p variant de 0 à 127. Tracer cette fonction d'autocorrélation en fonction de p. Donner une première estimation de la fréquence du sinus.

4. Déterminer, à l'aide de l'algorithme de Levinson, les coefficients du prédicteur linéaire en moyenne quadratique d'ordre 5 d'un échantillon $x(n)$.

5. Tracer l'évolution de l'erreur de prédiction en fonction de l'ordre du prédicteur.

6. Évaluer à l'aide des critères d'Akaike l'ordre « optimal » du prédicteur.

7. Retrouver à l'aide des résultats de la question précédente les caractéristiques de la partie déterministe du signal x.

8. Quelle est l'allure de la densité de probabilité de l'innovation. Selon vous, quelle loi suit-elle ? Préciser les paramètres caractéristiques de cette loi.

■ Exercice 6

Soit l'équation différentielle modélisant l'altitude z d'un corps en chute libre dans un champ gravitationnel constant :

$$\frac{d^2 z(t)}{dt^2} = -g ,$$

avec g une constante et $t \geq 0$. Le problème consiste à estimer à chaque instant kT la véritable position du corps ainsi que sa vitesse de chute, à partir de la mesure bruitée de l'altitude du corps tous les $T = 1\text{s}$. La mesure est entachée d'un bruit blanc additif de moyenne nulle et de variance 1.

1. Déterminer le modèle d'état discret permettant l'utilisation d'un filtre de Kalman pour résoudre ce problème.

2. Quelle origine pourrait avoir l'introduction d'un bruit sur l'état dans le modèle déterminé à la question précédente ?

Dans la suite du problème, il n'y a pas de bruit sur l'état. Les résultats de mesures sont donnés dans le tableau 4.3 :

Tableau 4.3. Premières mesures de l'altitude

n	1	2	3	4	5	6
$z(n)$	1000	979.9	943.4	925.7	873.1	820.1

Le filtre de Kalman est initialisé avec les valeurs suivantes :

$$\hat{x}(0) = \begin{bmatrix} 970 \\ 1 \end{bmatrix} \quad \text{et} \quad \mathbf{P}(0|0) = \mathbf{P}(0) = \begin{bmatrix} 10 & 0 \\ 0 & 1 \end{bmatrix}.$$

3. Calculer les trois premières estimations du vecteur d'état, ainsi que les matrices d'autocorrélation associées avec $g = 10\,ms^{-2}$.

Les résultats de l'estimation pour les six mesures du tableau précédent sont tracés dans la figure 4.2.

Les variables $p_{11}(k)$ et $p_{22}(k)$ représentent les éléments diagonaux de la matrice $\mathbf{P}(k|k)$.

4. Interpréter les résultats.

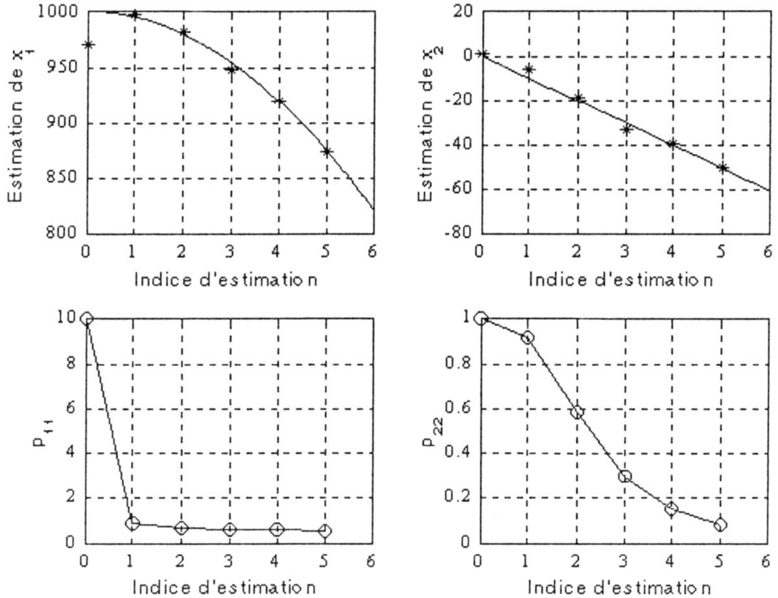

Figure 4.2 : Évolution des variances d'estimation.

■ Exercice 7

Soit le processus décrit par le modèle d'état discret suivant :

$$\begin{cases} \mathbf{x}(k+1) = \begin{bmatrix} 1 & 1 \\ 0 & 1 \end{bmatrix} \mathbf{x}(k) + \mathbf{w}(k) \\ y(k) = x_1(k) + v(k) \end{cases},$$

avec :

$$\mathbf{x}(k) = \begin{bmatrix} x_1(k) \\ x_2(k) \end{bmatrix},$$

le vecteur d'état du système.

$\mathbf{w}(k)$ est un bruit blanc gaussien de moyenne nulle et de matrice d'autocorrélation :

$$\mathbf{Q} = \begin{bmatrix} 0 & 0 \\ 0 & 1 \end{bmatrix}.$$

$v(k)$ est un bruit blanc gaussien de moyenne nulle et de matrice d'autocorrélation :

$$\mathbf{R}(k) = [2 + (-1)^k].$$

Le problème consiste à réaliser une estimation de l'état du processus à l'aide du filtre de Kalman. Le filtre est initialisé avec les valeurs suivantes :

$$\hat{\mathbf{x}}(0) = \hat{\mathbf{x}}(0|0) = \begin{bmatrix} 1 \\ 0 \end{bmatrix} \text{ et } \mathbf{P}(0) = \mathbf{P}(0|0) = \begin{bmatrix} 10 & 0 \\ 0 & 10 \end{bmatrix}.$$

1. En supposant que la première mesure est égale à $y(1) = 3$, déterminer la première estimée $\hat{\mathbf{x}}(1|1)$ de l'état ainsi que la matrice $\mathbf{P}(1|1)$.

2. Donner une évaluation de la précision de l'estimation déterminée à la question précédente en terme d'une probabilité sur l'amplitude de l'erreur d'estimation.

3. Donner une interprétation de la valeur de la matrice :

$$\mathbf{R}(k) = [2 + (-1)^k].$$

4. Soit :

$$\mathbf{K}(k) = \begin{bmatrix} K_1(k) \\ K_2(k) \end{bmatrix}.$$

La figure 4.3, page suivante, représente l'évolution de $K_1(k)$ et de $K_2(k)$ lorsque l'on poursuit l'estimation. Expliquer le comportement des deux composantes $K_1(k)$ et $K_2(k)$.

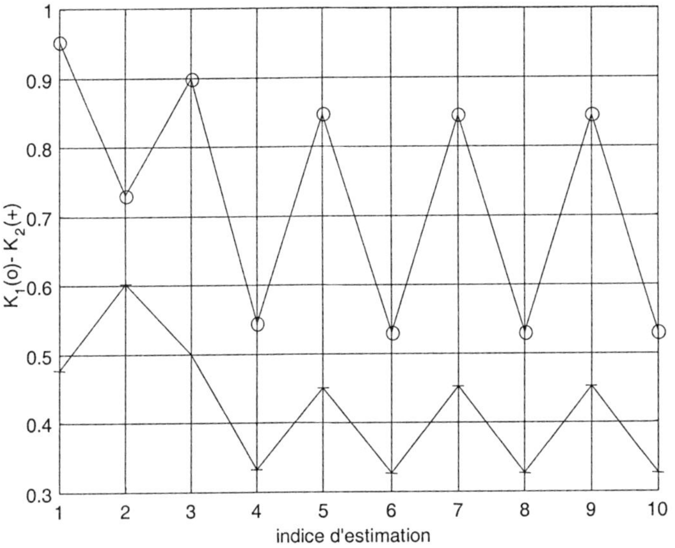

Figure 4.3 : Évolution des composantes du gain de Kalman.

5. En supposant que l'ordre de grandeur des variables que l'on cherche à estimer est le même que précédemment, et que l'on initialise la matrice de covariance avec la valeur :

$$\mathbf{P}(0) = \mathbf{P}(0|0) = \begin{bmatrix} 100 & 0 \\ 0 & 1 \end{bmatrix},$$

expliquer la signification d'une telle initialisation.

CORRIGÉS DES EXERCICES

■ Corrigé de l'exercice 1

1. *Filtre de Wiener d'ordre 1 permettant l'estimation de la constante C à partir des mesures* $x(n)$. Cette méthode d'estimation impose que l'estimateur $\hat{c}$ de la constante C soit linéaire par rapport à la mesure. La forme générale de cet estimateur peut donc s'écrire :

$$\hat{C}(\mathbf{x}) = \sum_{n=0}^{N-1} a_n x(n) + a_N \; .$$

Le problème d'estimation linéaire en moyenne quadratique consiste alors à déterminer les coefficients qui minimisent :

$$E[(C - \hat{C}(\mathbf{x}))^2] \, .$$

Il faut donc résoudre :

$$\frac{\partial}{\partial a_n} E\left[\left(C - \sum_{n=0}^{N-1} a_n x(n) - a_N\right)^2\right] = 0 \, , \; \forall n \in \{0, \;\; 1, \;\; \cdots, \;\; N-1\}.$$

Cet forme d'estimateur est appelé filtre de Wiener d'ordre N. Dans le cas du filtre de Wiener d'ordre 1, l'estimateur linéaire en moyenne quadratique a pour expression :

$$\hat{C}(\mathbf{x}) = a_0 x(0) + a_1 \, .$$

Il faut donc déterminer a_0, et a_1 qui minimisent :

$$E[(C - \hat{C}(\mathbf{x}))^2] = E[(C(\mathbf{x}) - a_0 x(0) - a_1)^2] \, .$$

Cela revient à résoudre le système :

$$\begin{cases} \dfrac{\partial}{\partial a_0} E[(C - a_0 x(0) - a_1)^2] = \;\; 0 \\ \dfrac{\partial}{\partial a_0} E[(C - a_0 x(0) - a_1)^2] = \;\; 0 \end{cases},$$

soit encore :

$$\begin{cases} \dfrac{\partial}{\partial a_0} E[C^2 - 2a_0 x(0)C - 2a_1 C + a_0^2 x^2(0) + 2a_0 a_1 x(0) + a_1^2] = 0 \\ \dfrac{\partial}{\partial a_1} E[C^2 - 2a_0 x(0)C - 2a_1 C + a_0^2 x^2(0) + 2a_0 a_1 x(0) + a_1^2] = 0 \end{cases}.$$

Le calcul des dérivées donne :

$$\begin{cases} E[-2x(0)C + 2a_0 x^2(0) + 2a_1 x(0)] = 0 \\ E[-2C + 2a_0 x(0) + 2a_1] = 0 \end{cases}.$$

En réarrangeant les termes, il vient :

$$\begin{cases} E[-2x(0)(C - a_0 x(0) - a_1)] = 0 \\ E[-2(C - a_0 x(0) - a_1)] = 0 \end{cases}.$$

Finalement, le système à résoudre est le suivant :

$$\begin{cases} E[x(0)C] - a_0 E[x^2(0)] - a_1 E[x(0)] = 0 \\ E[C] - a_0 E[x(0)] - a_1 = 0 \end{cases}.$$

Résoudre ces deux équations revient à résoudre l'égalité matricielle :

$$\begin{pmatrix} E[x^2(0)] & E[x(0)] \\ E[x^2(0)] & 1 \end{pmatrix} \begin{pmatrix} a_0 \\ a_1 \end{pmatrix} = \begin{pmatrix} E[x(0)C] \\ E[C] \end{pmatrix}.$$

En utilisant la définition de la variance de $x(0)$:

$$\sigma_{x(0)}^2 = E[x^2(0)] - E^2[x(0)],$$

et la définition de la covariance de $x(0)$ et de C :

$$\sigma_{x(0)C} = E[x(0)C] - E[x(0)]E[C],$$

les solutions du système d'équations s'écrivent :

$$\begin{cases} a_0 = \dfrac{\sigma_{x(0)C}}{\sigma_{x(0)}^2} \\ a_1 = E[C] - \dfrac{\sigma_{x(0)C}}{\sigma_{x(0)}^2} E[x(0)] \end{cases}.$$

Pour déterminer le filtre de Wiener d'ordre 1 dans le cadre de ce problème, la première chose à déterminer est la densité de probabilité de C. Une étude préliminaire a permis de montrer que : $C \in [-5;5]$. Il semble donc raisonnable de choisir une densité de probabilité uniforme entre –5 et 5. Le graphe de cette densité de probabilité est donné dans la figure 4.4. La densité de probabilité déterminée, il faut maintenant calculer les coefficients a_0 et a_1. Pour les calculer, il est nécessaire de connaître $E[C]$ et $E[x(0)]$:

$$E[C]=\int_{-5}^{5}\frac{1}{10}C dC=\frac{1}{10}\left[\frac{C^2}{2}\right]_{-5}^{5}=0,$$

$$E[x(0)]=E[C+b(n)]=E[C]+E[b(n)]=0.$$

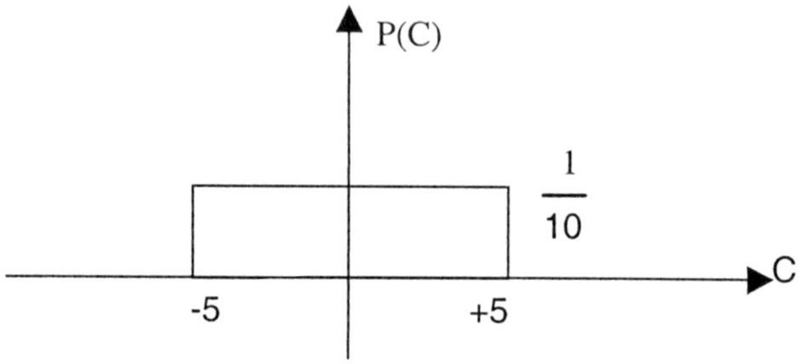

Figure 4.4 : Densité de probabilité de *C*.

La moyenne de C est nulle. Le bruit étant blanc, les propriétés du filtre de Wiener permettent de conclure que le coefficient a_1 est nul. Il faut maintenant déterminer la variance de $x(0)$:

$$\sigma_{x(0)}^2=E[x^2(0)]-E^2[x(0)]=E[C^2+2Cb(0)+b^2(0)],$$

donc :

$$\sigma_{x(0)}^2=E[C^2]+2E[Cb(0)]+E[b^2(0)].$$

Puisque C et $b(0)$ sont indépendants, $E[Cb(0)]=0$. De plus, $E[b^2(0)]=\sigma^2=4$, donc il reste à calculer $E[C^2]$:

$$E[C^2]=\int_{-5}^{5}\frac{1}{10}C^2 dC=\frac{1}{10}\left[\frac{C^3}{3}\right]_{-5}^{5}=\frac{25}{3},$$

et donc :

$$\sigma_{x(0)}^2=\frac{25}{3}+4=\frac{37}{3}.$$

Il faut maintenant calculer la covariance de $x(0)$ et de C :

$$\sigma_{x(0)C}=E[x(0)C]-E[x(0)]E[C]=E[(C+b(0))C].$$

En tenant compte des résultats précédents, il vient :

$$\sigma_{x(0)C}=E[C^2]+E[Cb(0)]=\frac{25}{3}.$$

Le filtre de Wiener d'ordre 1 donnant une estimation $\hat{C}(\mathbf{x})$ de la constante C est finalement donné par :

$$\hat{C}(\mathbf{x}) = \frac{25}{37} x(0) .$$

2. *En utilisant le théorème de la projection orthogonale, déterminer le filtre de Wiener d'ordre 2 qui permet l'estimation de la constante C à partir des mesures* $x(n)$. Soit l'ensemble H des estimateurs possibles dans la classe des filtres de Wiener d'ordre 2 :

$$H = \left\{ \hat{C}(\mathbf{x}) \middle| \hat{C}(\mathbf{x}) = a_0 x(0) + a_1 x(1) \right\}.$$

Le théorème de projection orthogonale permet de déterminer que, pour tout estimateur linéaire en moyenne quadratique $\hat{C}(\mathbf{x})$ de la constante C, il vient:

$$\forall \hat{C}(\mathbf{x}) \in H \Rightarrow E[(C - \hat{C}_{LMQ}(\mathbf{x}))\hat{C}(\mathbf{x})] = 0 ,$$

avec $\hat{C}_{LMQ}(\mathbf{x})$ l'estimateur que l'on recherche. Pour déterminer les coefficients a_0 et a_1 du filtre de Wiener d'ordre 2, il convient d'écrire que l'estimateur $\hat{C}(\mathbf{x}) = x(0)$ et que l'estimateur $\hat{C}(\mathbf{x}) = x(1)$ vérifient la relation précédente :

$$E[(C - a_0 x(0) - a_1 x(1))x(0)] = 0 ,$$

$$E[(C - a_0 x(0) - a_1 x(1))x(1)] = 0 .$$

Ces égalités peuvent encore s'écrire :

$$E[Cx(0)] - a_0 E[x^2(0)] - a_1 E[x(0)x(1)] = 0 ,$$

$$E[Cx(0)] = a_0 E[x^2(0)] + a_1 E[x(0)x(1)] .$$

et :

$$E[Cx(1)] - a_0 E[x(0)x(1)] - a_1 E[x^2(1)] = 0 ,$$

$$E[Cx(1)] = a_0 E[x(0)x(1)] + a_1 E[x^2(1)] .$$

Il faut donc résoudre le système d'équations :

$$\begin{cases} a_0 E[x^2(0)] + a_1 E[x(0)x(1)] = E[Cx(0)] \\ a_0 E[x(0)x(1)] + a_1 E[x^2(1)] = E[Cx(1)] \end{cases},$$

avec :

$$E[x^2(0)] = E[x^2(1)] = 37/3 ,$$

et :

$$E[Cx(0)] = E[Cx(1)] = E[C^2] = 25/3 .$$

Il reste donc à calculer $E[x(0)x(1)]$:

$$\begin{aligned} E[x(0)x(1)] = & \ E[(C+b(0))(C+b(1))], \\ = & \ E[C^2 + Cb(0) + Cb(1) + b(0)b(1)], \\ = & \ E[C^2] + E[Cb(0)] + E[Cb(1)] + E[b(0)b(1)]. \end{aligned}$$

Mais $b(n)$ est un bruit blanc, indépendant de C donc :

$$E[x(0)x(1)] = E[C^2] = 25/3 .$$

Le système d'équations s'écrit donc :

$$\begin{cases} \dfrac{37}{3}a_0 + \dfrac{25}{3}a_1 = \dfrac{25}{3} \\ \dfrac{25}{3}a_0 + \dfrac{37}{3}a_1 = \dfrac{25}{3} \end{cases},$$

soit :
$$\begin{pmatrix} 37 & 25 \\ 25 & 37 \end{pmatrix}\begin{pmatrix} a_0 \\ a_1 \end{pmatrix} = \begin{pmatrix} 25 \\ 25 \end{pmatrix},$$

donc :
$$\begin{pmatrix} a_0 \\ a_1 \end{pmatrix} = \frac{1}{744}\begin{pmatrix} 37 & -25 \\ -25 & 37 \end{pmatrix}\begin{pmatrix} 25 \\ 25 \end{pmatrix} = \begin{pmatrix} 0.4 \\ 0.4 \end{pmatrix}.$$

Le filtre de Wiener d'ordre 2 donnant une estimation $\hat{C}(\mathbf{x})$ de la constante C est finalement donné par :

$$\hat{C}(\mathbf{x}) = 0.4x(0) + 0.4x(1) .$$

■ Corrigé de l'exercice 2

1. *Expression du risque bayesien.* D'après la définition, le risque bayesien s'écrit :

$$R = E[C(\tilde{\theta})] = \int_x \int_\theta C(\tilde{\theta})p(\mathbf{x},\theta)dxd\theta ,$$

avec $\tilde{\theta}(\mathbf{x}) = \theta - \hat{\theta}(\mathbf{x})$, l'innovation.

2. *Montrer que la recherche de l'estimateur revient à minimiser l'intégrale :*

$$\int_\theta C(\tilde{\theta})p(\theta|\mathbf{x})d\theta .$$

La détermination de l'estimateur revient à trouver $\hat{\theta}(\mathbf{x}) = \theta$, qui minimise le risque bayesien R, donc :

$$R = E[C(\tilde{\theta})] = \int_x \int_\theta C(\tilde{\theta}) p(\mathbf{x},\theta) dx d\theta \ .$$

Sachant que : $p(\mathbf{x},\theta) = p(\theta|\mathbf{x}) p(\mathbf{x})$ l'expression du risque bayesien devient :

$$R = \int_x p(\mathbf{x}) \left[\int_\theta C(\tilde{\theta}) p(\theta|\mathbf{x}) d\theta \right] dx \ .$$

$p(\mathbf{x})$ étant une densité de probabilité fixée, $p(\mathbf{x})$ est donc positive ou nulle. Le risque bayesien R est minimum si :

$$\int_\theta C(\tilde{\theta}) p(\theta|\mathbf{x}) d\theta$$

est minimum.

3. *En remarquant que* $p(\theta|\mathbf{x})$ *est une densité de probabilité, montrer que la détermination de l'estimateur revient en fait à maximiser la fonction* $J(\hat{\theta})$ *définie par :*

$$J(\hat{\theta}) = \int_{\hat{\theta}-\delta}^{\hat{\theta}+\delta} p(\theta|\mathbf{x}) d\theta \ .$$

En utilisant la définition de l'innovation $\tilde{\theta}(\mathbf{x}) = \theta - \hat{\theta}(\mathbf{x})$, et en tenant compte de la définition de la fonction coût $C(\tilde{\theta})$, il vient :

si $\hat{\theta} - \delta < \theta < \hat{\theta} + \delta$ alors $C(\tilde{\theta}) = 0$ sinon $C(\tilde{\theta}) = 1$.

Donc le calcul de : $\int_\theta C(\tilde{\theta}) p(\theta|\mathbf{x}) d\theta$

s'écrit : $$\int_\theta C(\tilde{\theta}) p(\theta|\mathbf{x}) d\theta = \int_{-\infty}^{\hat{\theta}-\delta} p(\theta|\mathbf{x}) d\theta + \int_{\hat{\theta}+\delta}^{+\infty} p(\theta|\mathbf{x}) d\theta \ .$$

Il faut donc minimiser cette expression. $p(\theta|\mathbf{x})$ est une densité de probabilité donc minimiser :

$$\int_\theta C(\tilde{\theta}) p(\theta|\mathbf{x}) d\theta$$

revient à minimiser : $$1-\int_{\hat{\theta}-\delta}^{\hat{\theta}+\delta} p(\theta|\mathbf{x})d\theta \, .$$

Finalement, minimiser cette dernière expression est équivalent à maximiser :

$$J(\hat{\theta}) = \int_{\hat{\theta}-\delta}^{\hat{\theta}+\delta} p(\theta|\mathbf{x})d\theta \, .$$

4. *Montrer que l'estimateur* $\hat{\theta}(\mathbf{x})$ *doit vérifier :*

$$\lim_{\delta \to 0} \frac{p(\hat{\theta}+\delta|\mathbf{x}) - p(\hat{\theta}-\delta|\mathbf{x})}{2\delta} = 0 \, .$$

En utilisant l'égalité :

$$\frac{\partial}{\partial u}\left(\int_{\phi_1(u)}^{\phi_2(u)} h(u,v)dv\right) = \int_{\phi_1(u)}^{\phi_2(u)} \frac{\partial(h(u,v))}{\partial u}dv + \frac{d\phi_2(u)}{du}h(u,\phi_2(u)) - \frac{d\phi_1(u)}{du}h(u,\phi_1(u)) \, ,$$

avec $u=\hat{\theta}$, $v=\theta$, $\phi_1(u)=\hat{\theta}-\delta$ et $\phi_2(u)=\hat{\theta}+\delta$, l'écriture de la variation du critère $J(\hat{\theta})$ en fonction de l'estimation $\hat{\theta}$ donne :

$$\frac{\partial}{\partial \hat{\theta}}[J(\hat{\theta})] = \int_{\hat{\theta}-\delta}^{\hat{\theta}+\delta} 0 d\theta + 1p(\hat{\theta}+\delta|\mathbf{x}) - 1p(\hat{\theta}-\delta|\mathbf{x}) = 0 \, .$$

Ceci est équivalent à : $p(\hat{\theta}+\delta|\mathbf{x}) - p(\hat{\theta}-\delta|\mathbf{x}) = 0$.

En remarquant que cette égalité doit être vraie $\forall \delta \geq 0$, on peut écrire que l'estimation $\hat{\theta}$ est telle que :

$$\frac{p(\hat{\theta}+\delta|\mathbf{x}) - p(\hat{\theta}-\delta|\mathbf{x})}{2\delta} = 0 \, .$$

En particulier, si δ tend vers zéro, il vient que l'estimation $\hat{\theta}$ doit satisfaire :

$$\lim_{\delta \to 0} \frac{p(\hat{\theta}+\delta|\mathbf{x}) - p(\hat{\theta}-\delta|\mathbf{x})}{2\delta} = 0 \, .$$

5. *Déduire que :* $$\hat{\theta}(\mathbf{x}) = \max_{\theta}(p(\theta|\mathbf{x})) \, .$$

L'égalité : $$\lim_{\delta \to 0} \frac{p(\hat{\theta}+\delta|\mathbf{x}) - p(\hat{\theta}-\delta|\mathbf{x})}{2\delta} = 0$$

est équivalente à : $$\frac{\partial}{\partial\theta} p(\theta|\mathbf{x})\Big|_{\theta=\hat{\theta}} = 0 .$$

Ceci permet de conclure au fait que :

$$\hat{\theta}(\mathbf{x}) = \max_{\theta}(p(\theta|\mathbf{x}))$$

puisqu'il faut maximiser $J(\theta)$.

6. *Montrer que :* $$p(\theta|\mathbf{x}) = \frac{p(\mathbf{x}|\theta)\,p(\theta)}{p(\mathbf{x})} .$$

L'utilisation du théorème de Bayes permet d'écrire :

$$p(\mathbf{x},\theta) = p(\mathbf{x}|\theta)\,p(\theta) = p(\theta|\mathbf{x})\,p(\mathbf{x}) .$$

Il vient donc : $$p(\theta|\mathbf{x}) = \frac{p(\mathbf{x}|\theta)\,p(\theta)}{p(\mathbf{x})} .$$

7. *Déduire de la question précédente l'estimateur du maximum a posteriori de θ qui utilise N mesures $x(n)$*. Soit le modèle de mesure suivant : $x(n) = \theta + b(n)$, la suite de cet exercice consiste à déterminer un estimateur du maximum a posteriori de θ. On suppose que θ suit une loi normale de moyenne nulle et de variance σ_θ^2. De même, le bruit b est gaussien, blanc, de moyenne nulle et chaque échantillon $b(n)$ a une variance égale à σ_b^2. La densité de probabilité de θ, s'écrit :

$$p(\theta) = \frac{1}{\sqrt{2\pi\sigma_\theta^2}} \mathrm{e}^{-\frac{1}{2}\frac{\theta^2}{\sigma_\theta^2}} .$$

Le modèle de mesure est $x(n) = \theta + b(n)$, donc $b(n) = x(n) - \theta$. Il faut déterminer $p(\mathbf{x}|\theta)$. Dans ce calcul, θ est supposé connu donc tout se passe comme s'il était déterministe. Donc, le calcul de $p(\mathbf{x}|\theta)$ conduit à :

$$p(\mathbf{x}|\theta) = \left(\frac{1}{\sqrt{2\pi\sigma_b^2}}\right)^N e^{-\frac{1}{2\sigma_b^2}\sum_{n=0}^{N-1}(x(n)-\theta)^2} .$$

Afin de déterminer l'estimateur $\hat{\theta}$ du maximum a posteriori de θ, il va falloir dériver $p(\theta|\mathbf{x})$ par rapport à θ. Or, d'après le théorème de Bayes :

$$p(\theta|\mathbf{x}) = \frac{p(\mathbf{x}|\theta)\,p(\theta)}{p(\mathbf{x})} .$$

Dans cette dérivation, $p(\mathbf{x})$ est considérée comme constante donc sa dérivée est nulle. Il est donc inutile de la calculer. Les densités de probabilité étant des lois normales, il est intéressant d'utiliser la log-vraisemblance :

$$\ln(p(\theta|\mathbf{x})) = \ln(p(\mathbf{x}|\theta)) + \ln(p(\theta)) - \ln(p(\mathbf{x})) ,$$

soit :

$$\ln(p(\theta|\mathbf{x})) = \ln\left(\frac{1}{\sqrt{2\pi\sigma_\theta^2}}\right) - \frac{1}{2}\frac{\theta^2}{\sigma_\theta^2} + N\ln\left(\frac{1}{2\pi\sigma_b^2}\right) - \frac{1}{2\sigma_b^2}\sum_{n=0}^{N-1}(x(n)-\theta)^2 - \ln(p(\mathbf{x})) .$$

Le calcul de la dérivée donne :

$$\frac{\partial}{\partial\theta}\ln(p(\theta|\mathbf{x})) = -\frac{\theta}{\sigma_\theta^2} + \frac{1}{\sigma_b^2}\sum_{n=0}^{N-1}(x(n)-\theta) ,$$

Il faut donc résoudre :

$$-\frac{\theta}{\sigma_\theta^2} + \frac{1}{\sigma_b^2}\sum_{n=0}^{N-1}x(n) - \frac{N\theta}{\sigma_b^2} = 0 .$$

En factorisant cette expression par rapport a θ, il vient :

$$\theta\left(\frac{1}{\sigma_\theta^2} + \frac{N}{\sigma_b^2}\right) = \frac{1}{\sigma_b^2}\sum_{n=0}^{N-1}x(n) .$$

L'estimateur $\hat{\theta}$ du maximum a posteriori de θ qui utilise N mesures de $x(n)$ est finalement donné par :

$$\hat{\theta}(x) = \frac{\sigma_\theta^2}{\sigma_b^2 + N\sigma_\theta^2}\sum_{n=1}^{N-1}x(n) .$$

■ Corrigé de l'exercice 3

1. *En supposant* $e(0)$, $y(p)$ *et* $u(p)$ *connus jusqu'à l'instant n, montrer qu'il est possible de déterminer* $e(n)$ *pour tout n.* À partir de l'équation aux différences :

$$y(n+1) = ay(n) + bu(n) + e(n+1) + ce(n) ,$$

calculons l'expression de $e(n)$:

$$e(n) = y(n) - ay(n-1) - bu(n-1) - ce(n-1) .$$

Cette expression est une équation récurrente qui fait apparaître des termes en n et en $n-1$. Il faut que tous les termes de cette expression soient connus, pour un n donné. Évaluons la première valeur $e(1)$ définie par cette équation de récurrence :

$$e(1) = y(1) - ay(0) - bu(0) - ce(0) .$$

En supposant $e(0)$, $y(p)$ et $u(p)$ connus jusqu'à l'instant n, il est alors possible de déterminer $e(n)$ pour tout n.

2. *En considérant le cadre de l'estimation bayesienne en moyenne quadratique, et en considérant le fait que* $\hat{y}(n+1|n)$ *est l'estimation de* $y(n+1)$ *à partir de tous les paramètres qui peuvent être déterminés à l'instant n (c'est-à-dire:* $y(n)$, $u(n)$ *et* $e(n)$ *), déterminer* $\hat{y}(n+1|n)$.

Les paramètres qui peuvent être déterminés à l'instant n, sont : $y(n)$, $u(n)$ et $e(n)$. Il faut remarquer que les paramètres $y(n)$, $u(n)$ sont connus. $y(n)$ est connu par mesure de la sortie du système et $u(n)$ est connue car c'est l'entrée déterministe du système. Le paramètre $e(n)$, lui, est connu par calcul. Or, dans la suite des calculs, si un paramètre est supposé connu, alors il est déterministe. En considérant le cadre de l'estimation bayesienne en moyenne quadratique, $\hat{y}(n+1|n)$ s'écrit donc :

$$\hat{y}(n+1|n) = E[y(n+1)|y(n), u(n), e(n)] ,$$

soit encore : $\hat{y}(n+1|n) = E[ay(n) + bu(n) + ce(n) + e(n+1)|y(n), u(n), e(n)]$.

En calculant l'espérance de chacun des termes, il vient :

$$\hat{y}(n+1|n) = ay(n) + bu(n) + ce(n) + E[e(n+1)] .$$

Il reste donc à calculer $E[e(n+1)]$. Mais e est un signal de type bruit blanc de moyenne nulle et de variance σ^2, donc $E[e(n+1)] = 0$. Finalement, l'estimation bayesienne en moyenne quadratique, $\hat{y}(n+1|n)$ de $y(n+1)$ s'écrit :

$$\hat{y}(n+1|n) = ay(n) + bu(n) + ce(n) .$$

3. *Soit* σ_y^2, *la variance de* $y(n+1)$ *et* $\sigma_{\hat{y}}^2$, *la variance de* $\hat{y}(n+1|n)$. *Montrer que :*

$$\sigma_y^2 = \sigma^2 + \sigma_{\hat{y}}^2 .$$

On calcule tout d'abord la variance de y :

$$\sigma_y^2 = E[y^2(n+1)] - (E[y(n+1)])^2 .$$

En tenant compte que $y(n+1)$ peut s'écrire :

$$y(n+1) = ay(n) + bu(n) + e(n+1) + ce(n),$$

il vient :

$$y(n+1) = \hat{y}(n+1|n) + e(n+1).$$

Le calcul de $E[y(n+1)]$ donne :

$$E[y(n+1)] = E[\hat{y}(n+1|n) + e(n+1)],$$

$$E[y(n+1)] = E[\hat{y}(n+1|n)] + E[e(n+1)],$$

mais $E[e(n+1)] = 0$, donc :

$$E[y(n+1)] = E[\hat{y}(n+1|n)].$$

Le calcul de $E[y^2(n+1)]$ donne :

$$y^2(n+1) = (\hat{y}(n+1|n) + e(n+1))^2,$$

$$y^2(n+1) = \hat{y}(n+1|n)^2 + 2\hat{y}(n+1|n)e(n+1) + e(n+1)^2,$$

donc : $E[y^2(n+1)] = E[\hat{y}(n+1|n)^2] + 2E[\hat{y}(n+1|n)e(n+1)] + E[e(n+1)^2]$,

soit encore : $E[y^2(n+1)] = E[\hat{y}(n+1|n)^2] + 2E[\hat{y}(n+1|n)e(n+1)] + \sigma^2$.

La variable $\hat{y}(n+1|n)$ ne dépend que de paramètres connus à l'instant n et du paramètre $e(n+1)$ qui est un bruit blanc.

Les échantillons de ce dernier sont décorrélés et on peut donc écrire :

$$\sigma_y^2 = E[\hat{y}(n+1|n)^2] + 2E[\hat{y}(n+1|n)e(n+1)] + \sigma^2 - (E[\hat{y}(n+1|n)])^2.$$

Finalement, il vient :

$$\sigma_y^2 = \sigma_{\hat{y}}^2 + \sigma^2.$$

4. *Déduire que la variance de* $y(n+1)$ *est minimale si* $\hat{y}(n+1|n) = 0$ *pour tout n.*

La variance :

$$\sigma_y^2 = \sigma_{\hat{y}}^2 + \sigma^2,$$

calculée à la question précédente, est une somme de termes positifs.

De plus, la valeur de σ^2 est la variance de e, un signal de type bruit blanc : elle est par conséquent fixée. Dans ces conditions, la variance de $y(n+1)$ est minimale si :

$$\sigma_{\hat{y}}^2 = 0 .$$

Cette condition implique que : $\hat{y}(n+1|n) = 0$.

5. *Déduire l'expression de $u(n)$ permettant de minimiser la variance de $y(n+1)$.* De la question précédente, il vient que la variance de $y(n+1)$, la sortie du système, est minimale si : $\hat{y}(n+1|n) = 0$. Donc :

$$\hat{y}(n+1|n) = ay(n) + bu(n) + ce(n) = 0 .$$

L'expression de $u(n)$ permettant de minimiser la variance de $y(n+1)$ est alors :

$$u(n) = -\frac{ay(n) + ce(n)}{b} .$$

■ Corrigé de l'exercice 4

1. *En utilisant la méthode directe (résolution de l'équation normale), déterminer les prédicteurs d'ordre 1, 2, 3 et 4 du signal x.* Pour déterminer les prédicteurs du signal x d'ordre $n=1$, $n=2$, $n=3$ et $n=4$, il faut résoudre :

$$\Gamma_n \mathbf{a}_n = \mathbf{c}_l ,$$

avec : $$\mathbf{a}_n = \begin{bmatrix} a_1 \\ \vdots \\ a_n \end{bmatrix},\ \Gamma_n = \begin{bmatrix} \gamma(0) & \gamma(1) & \cdots & \gamma(n-1) \\ \gamma(1) & \gamma(0) & \ddots & \vdots \\ \vdots & \ddots & \ddots & \gamma(1) \\ \gamma(n-1) & \cdots & \gamma(1) & \gamma(0) \end{bmatrix},\ \mathbf{c}_n = \begin{bmatrix} \gamma(1) \\ \vdots \\ \gamma(n) \end{bmatrix}.$$

Les a_i sont les coefficients du prédicteur, les $\gamma(i)$ sont les valeurs de la fonction d'autocorrélation du signal. Il faut remarquer que la matrice Γ_n est sous forme Toeplitz.

* Pour $n=1$, il vient :

$$\mathbf{a}_1 = \Gamma_1^{-1}\mathbf{c}_1 ,\ \Gamma_1 = \gamma(0) ,\ \mathbf{c}_1 = \gamma(1) ,$$

donc : $$\mathbf{a}_1 = \frac{\gamma(1)}{\gamma(0)},\ a_1 = 0.4727 .$$

* Pour $n = 2$, il vient :

$$\mathbf{a}_2 = \Gamma_2^{-1}\mathbf{c}_2\,,\ \Gamma_2 = \begin{bmatrix} \gamma(0) & \gamma(1) \\ \gamma(1) & \gamma(0) \end{bmatrix} = \begin{bmatrix} 7.0638 & 3.3388 \\ 3.3388 & 7.0638 \end{bmatrix},$$

$$\mathbf{c}_2 = \begin{bmatrix} \gamma(1) \\ \gamma(2) \end{bmatrix} = \begin{bmatrix} 3.3388 \\ -3.3943 \end{bmatrix},$$

donc :

$$\mathbf{a}_2 = \Gamma_2^{-1}\mathbf{c}_2\,,\ \mathbf{a}_2 = \begin{bmatrix} 0.9011 \\ -0.9064 \end{bmatrix}.$$

* Pour $n = 3$, il vient :

$$\mathbf{a}_3 = \Gamma_3^{-1}\mathbf{c}_3\,,\ \Gamma_3 = \begin{bmatrix} \gamma(0) & \gamma(1) & \gamma(2) \\ \gamma(1) & \gamma(0) & \gamma(1) \\ \gamma(2) & \gamma(1) & \gamma(0) \end{bmatrix} = \begin{bmatrix} 7.0638 & 3.3388 & -3.3943 \\ 3.3388 & 7.0638 & 3.3388 \\ -3.3943 & 3.3388 & 7.0638 \end{bmatrix},$$

$$\mathbf{c}_3 = \begin{bmatrix} \gamma(1) \\ \gamma(2) \\ \gamma(3) \end{bmatrix} = \begin{bmatrix} 3.3388 \\ -3.3943 \\ -6.1354 \end{bmatrix},$$

donc :

$$\mathbf{a}_3 = \Gamma_3^{-1}\mathbf{c}_3\,,\ \mathbf{a}_3 = \begin{bmatrix} 0.8544 \\ -0.8601 \\ -0.0515 \end{bmatrix}.$$

* Pour $n = 4$, il vient :

$$\mathbf{a}_4 = \Gamma_4^{-1}\mathbf{c}_4\,,$$

$$\Gamma_4 = \begin{bmatrix} \gamma(0) & \gamma(1) & \gamma(2) & \gamma(3) \\ \gamma(1) & \gamma(0) & \gamma(1) & \gamma(2) \\ \gamma(2) & \gamma(1) & \gamma(0) & \gamma(1) \\ \gamma(3) & \gamma(2) & \gamma(1) & \gamma(0) \end{bmatrix} = \begin{bmatrix} 7.0638 & 3.3388 & -3.3943 & -6.1354 \\ 3.3388 & 7.0638 & 3.3388 & -3.3943 \\ -3.3943 & 3.3388 & 7.0638 & 3.3388 \\ -6.1354 & -3.3943 & 3.3388 & 7.0638 \end{bmatrix},$$

$$\mathbf{c}_4 = \begin{bmatrix} \gamma(1) \\ \gamma(2) \\ \gamma(3) \\ \gamma(4) \end{bmatrix} = \begin{bmatrix} 3.3388 \\ -3.3943 \\ -6.1354 \\ -2.5189 \end{bmatrix},$$

donc :

$$\mathbf{a}_4 = \Gamma_4^{-1}\mathbf{c}_4\,,\ \mathbf{a}_4 = \begin{bmatrix} 0.8532 \\ -0.8812 \\ -0.0305 \\ -0.0246 \end{bmatrix}.$$

2. *Calculer les variances des erreurs de prédiction pour chacun des prédicteurs déterminés à la question précédente.* L'expression de la variance de l'erreur de prédiction en fonction des coefficients du prédicteur et des valeurs de la fonction de corrélation du signal s'écrit :

$$\varepsilon_n^2 = \gamma(0) - \mathbf{c}_n^T \mathbf{a}_n\,.$$

* Pour $n = 1$, il vient : $\varepsilon_1^2 = \gamma(0) - \mathbf{c}_1^T \mathbf{a}_1$,

donc : $\varepsilon_1^2 = 5.4855$.

* Pour $n = 2$, il vient : $\varepsilon_2^2 = \gamma(0) - \mathbf{c}_2^T \mathbf{a}_2$,

donc : $\varepsilon_2^2 = 0.9786$.

* Pour $n = 3$, il vient : $\varepsilon_3^2 = \gamma(0) - \mathbf{c}_3^T \mathbf{a}_3$,

donc : $\varepsilon_3^2 = 0.9757$.

* Pour $n = 4$, il vient : $\varepsilon_4^2 = \gamma(0) - \mathbf{c}_4^T \mathbf{a}_4$,

donc : $\varepsilon_4^2 = 0.9750$.

3. *À partir des questions précédentes, déterminer une expression de $x(n)$ en fonction d'un nombre limité (et minimal) des échantillons précédents et d'une variable aléatoire $u(n)$ à déterminer.* La forme générale du prédicteur est :

$$\hat{x}(n) = \sum_{i=1}^{l} a_i x(n-i) + a_{l+1}\,.$$

En supposant les échantillons du signal $x(n)$ centrés, il est possible d'obtenir directement $a_{l+1} = 0$. On remarque par ailleurs que la variance de l'erreur de prédiction ne diminue plus de manière significative pour $n > 2$. Il en résulte qu'il semble raisonnable de choisir l'ordre du prédicteur égal à 2. L'expression du prédicteur est donc :

$$\hat{x}(n) = a_1 x(n-1) + a_2 x(n-2)\,,$$

soit :

$$\hat{x}(n) = 0.9011 x(n-1) - 0.9064 x(n-2)\,.$$

En utilisant la définition de l'innovation, $\tilde{x}(n) = x(n) - \hat{x}(n)$, il vient :

$$x(n) = a_1 x(n-1) + a_2 x(n-2) + \tilde{x}(n)\,.$$

De plus, la variance de $x(n) - \hat{x}(n)$ est égale à $\varepsilon_2^2 = 0.9786$. Il est alors possible de considérer que $x(n)$ est une réalisation particulière du processus générateur suivant :

$$x(n) = a_1 x(n-1) + a_2 x(n-2) + u(n)\,,$$

avec $u(n)$ une variable aléatoire de variance 0.9786.

4. *En disposant d'un enregistrement suffisamment long de mesure $x(n)$, d'un estimateur de la moyenne et d'un estimateur de la fonction d'autocorrélation d'une variable aléatoire, comment peut-on vérifier que la variable aléatoire $u(n)$ de la question précédente est un bruit blanc gaussien ?*

À partir des mesures $\{x(n)\}$ et de la connaissance d'un prédicteur $\hat{x}(n)$, il est possible de calculer l'innovation $\tilde{x}(n) = x(n) - \hat{x}(n)$. Il est alors nécessaire d'estimer la moyenne de $\tilde{x}(n)$ pour vérifier si elle est proche de zéro. Ensuite, une estimation de la fonction de corrélation $\gamma_{\tilde{x}}(n)$ de $\tilde{x}(n)$ doit être déterminée pour vérifier si $\gamma_{\tilde{x}}(0) >> \gamma_{\tilde{x}}(n)$ lorsque $n \neq 0$. Si c'est le cas, alors $\tilde{x}(n)$ est un bruit blanc de moyenne nulle et de variance 0.9786.

Pour vérifier si $\tilde{x}(n)$ est gaussien, on peut, par exemple, commencer par vérifier que 99% des valeurs de $\tilde{x}(n)$ se trouvent dans l'intervalle :

$$[-3\sqrt{\varepsilon_2^2}, +3\sqrt{\varepsilon_2^2}\,]\,.$$

Pour réaliser une vérification plus précise, on peut effectuer une estimation de l'allure de la densité de probabilité de $\tilde{x}(n)$ en utilisant la méthode proposée dans l'Exercice 6 de ce chapitre.

Si toutes les conditions précédentes sont vérifiées, alors la variable aléatoire $u(n)$ apparaissant dans le processus générateur de la question précédente est un bruit blanc gaussien de moyenne nulle et de variance 0.9786.

5. *En utilisant l'algorithme de Levinson, déterminer les prédicteurs d'ordre 1, 2, 3 et 4 du signal x.*

Il convient ici de dérouler l'algorithme de Levinson étape par étape.

Initialisation :
$$\mathbf{a}_1 = \frac{\gamma(1)}{\gamma(0)} = \mathbf{a}_1^- = 0.4727,$$

$$c_1 = \gamma(1) = 3.3388,$$

$$\varepsilon_1^2 = \gamma(0) - c_1^T a_1 = 5.4855.$$

Étape 1 :
$$\beta(2) = \gamma(2) - \mathbf{c}_1^{-T}\mathbf{a}_1 = -4.9726,$$

$$a_{2,2} = \frac{\beta(2)}{\varepsilon_1^2} = -0.9065,$$

$$\mathbf{a}_2^1 = \mathbf{a}_1 - \mathbf{a}_1^- a_{2,2} = 0.9012,$$

donc :
$$\mathbf{a}_2 = \begin{bmatrix} 0.9012 \\ -0.9065 \end{bmatrix},$$

et :
$$\varepsilon_2^2 = \varepsilon_1^2(1 - a_{2,2}^2) = 0.9778.$$

Étape 2 :
$$\beta(3) = \gamma(3) - c_2^{-T} a_2,$$

$$\beta(3) = \gamma(3) - \begin{bmatrix} \gamma(1) \\ \gamma(2) \end{bmatrix}^{-T} a_2 = \gamma(3) - [\gamma(2) \quad \gamma(1)] a_2,$$

$$\beta(3) = -0.0498,$$

$$a_{3,3} = \frac{\beta(3)}{\varepsilon_2^2} = -0.0509,$$

$$\mathbf{a}_3^2 = \mathbf{a}_2 - \mathbf{a}_2^- a_{3,3} = \begin{bmatrix} 0.8551 \\ -0.8606 \end{bmatrix},$$

donc :

$$\mathbf{a}_3 = \begin{bmatrix} 0.8551 \\ -0.8606 \\ -0.0509 \end{bmatrix},$$

et :

$$\varepsilon_3^2 = \varepsilon_2^2(1 - a_{3,3}^2) = 0.9753 .$$

Étape 3 :

$$\beta(4) = \gamma(4) - c_3^{-T} a_3 ,$$

$$\beta(4) = \gamma(4) - \begin{bmatrix} \gamma(1) \\ \gamma(2) \\ \gamma(3) \end{bmatrix}^{-T} a_3 = \gamma(4) - [\gamma(3) \quad \gamma(2) \quad \gamma(1)] a_3 ,$$

$$\beta(4) = -0.0237 ,$$

$$a_{4,4} = \frac{\beta(4)}{\varepsilon_3^2} = -0.0243 ,$$

$$\mathbf{a}_4^3 = \mathbf{a}_3 - \mathbf{a}_3^{-} a_{4,4} = \begin{bmatrix} 0.8539 \\ -0.8815 \\ -0.0301 \end{bmatrix},$$

donc :

$$\mathbf{a}_4 = \begin{bmatrix} 0.8539 \\ -0.8815 \\ -0.0301 \\ -0.0243 \end{bmatrix},$$

et :

$$\varepsilon_4^2 = \varepsilon_3^2(1 - a_{4,4}^2) = 0.9747 .$$

6. *Pour le prédicteur d'ordre 4 de la question précédente, évaluer le gain en terme d'opérations lorsque l'on utilise l'algorithme de Levinson par rapport à la méthode directe.* L'évaluation du nombre d'opérations nécessaires pour déterminer le prédicteur d'ordre 4 par la méthode directe sachant que l'on doit résoudre le système :

$$\Gamma_4 a_4 = c_4 ,$$

est réalisée dans le tableau 4.4.

Tableau 4.4. Évaluation du nombre d'opérations nécessaires au calcul du prédicteur d'ordre 4 par la méthode directe

Nombre de divisions	Nombre de multiplications	Nombre d'additions	Nombre d'opérations
10	26	26	62

À ces opérations, il faut ajouter les opérations nécessaires au calcul de la variance de l'erreur, soit 4 multiplications et 4 additions. On obtient donc un total de 70 opérations. L'évaluation du nombre d'opérations nécessaires pour déterminer le prédicteur d'ordre 4 par l'algorithme de Levinson est faites dans le tableau 4.5.

Tableau 4.5. Évaluation du nombre d'opérations nécessaires pour déterminer le prédicteur d'ordre 4 par la l'algorithme de Levinson

Étape du calcul	nombre de multiplications	nombre d'additions	nombres d'opérations	Total
Initialisation	2	1	3	3
Étape 1	5	3	8	8
Étape 2	7	5	12	12
Étape 3	9	7	16	16
Total	23	16	39	39

En conclusion, on vérifie bien sur cet exemple que l'algorithme de Levinson nécessite moins d'opérations que la méthode directe.

7. *Le système échantillonné que l'on cherche à identifier possède une fonction de transfert sans zéros* $G(z^{-1})$ *inconnue. Écrire* $G(z^{-1})$. La fonction de transfert du système échantillonné ne possédant pas de zéro, $G(z^{-1})$ sera de la forme :

$$G(z^{-1}) = \frac{1}{1 - \sum_{i=1}^{p} \alpha_i z^{-i}}.$$

8. *Afin d'identifier les paramètres de la fonction de transfert, le système est soumis à une entrée $u(n)$ qui est un bruit blanc gaussien de moyenne nulle et de variance $\sigma^2 = 1$. La sortie $y(n)$ du système est mesurée et la fonction d'autocorrélation de y est estimée. Déterminer une estimation de la fonction de transfert $G(z^{-1})$.*

En tenant compte de la forme générale choisie à la question précédente pour la fonction de transfert du système échantillonné, il vient :

$$y(n) = \sum_{i=1}^{p} \alpha_i y(n-i) + u(n).$$

Il faut donc déterminer les coefficients α_i de la fonction de transfert en connaissant les valeurs de la fonction d'autocorrélation du signal *y*. En tenant compte des différentes questions de cet exercice, la détermination des coefficients α_i revient à calculer les coefficients d'un prédicteur de $y(n)$. Les valeurs estimées de la fonction d'aucorrélation du signal *y* étant les mêmes que celles du signal *x*, les coefficients α_i peuvent donc être pris tels que :

$$\alpha_1 = a_1 = 0.9012,$$

$$\alpha_2 = a_2 = -0.9065.$$

En conséquence, la fonction de transfert du système échantillonné est :

$$G(z^{-1}) = \frac{1}{1 - 0.9012 z^{-1} + 0.9065 z^{-2}}.$$

■ Correction de l'exercice 5

1. *Programme MATLAB™ permettant de générer les échantillons x(n).*

```
Fe=10000;
T=0:1:4095;
%génération du vecteur T contenant les instants d'échantillonnage.
T=(1/Fe)*T;
%génération du vecteur B contenant les échantillons du bruit.
B = randn(1,4096);
%génération du vecteur S contenant les échantillons de la sinusoïde.
S= sin(2*pi*3500*T);
```

```
%génération du vecteur X contenant les échantillons x(n) du signal x.
X=S+B;
```

La figure 4.5 représente le signal que nous avons généré à titre d'exemple.

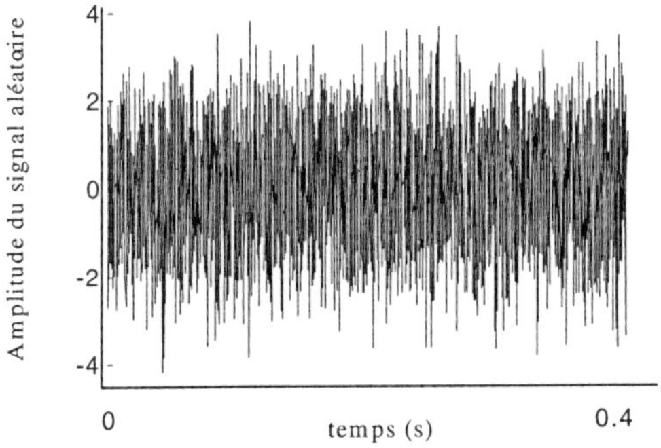

Figure 4.5 : Evolution temporelle du signal *x*.

2. *Vérification préliminaire à effectuer à partir des échantillons x(n).* Avant de pouvoir déterminer le prédicteur linéaire en moyenne quadratique, il faut vérifier, à partir des échantillons *x(n)*, que le signal *x* est centré. On utilise pour cela un estimateur de la moyenne. Étant donné que l'on sait que *x* est composé d'une sinusoïde (c'est-à-dire un signal déterministe de moyenne nulle) et d'un bruit blanc gaussien, il suffit de vérifier que ce dernier est de moyenne nulle. Pour cela, on peut utiliser l'estimateur :

$$\hat{m} = \frac{1}{N} \sum_{n=0}^{4095} x(n) .$$

En effet, d'après le modèle de mesure :

$$x(n) = s(n) + b(n) ,$$

cet estimateur calcule en fait :

$$\frac{1}{N} \sum_{n=0}^{4095} s(n) + \frac{1}{N} \sum_{n=0}^{4095} b(n) .$$

Le deuxième terme de cette somme est l'estimateur du maximum de vraisemblance de la moyenne d'une variable aléatoire normale. Cet estimateur est asymptotiquement efficace et sa variance limite est inversement proportionnelle au nombre d'échantillons. Étant donnée l'amplitude maximale du signal bruité et étant donné le nombre d'échantillons (4096), la probabilité est grande que ce terme soit proche de zéro si le bruit est bien de moyenne nulle.

Pour analyser le premier terme de la somme, il faut se rappeler que la moyenne d'un signal déterministe périodique (de période T) est, dans le cas discret, égale à la somme de ses échantillons sur exactement un nombre entier de périodes divisée par le nombre d'échantillons. Par conséquent, si le nombre d'échantillons est tel que NT_e est proche de T, alors :

$$\frac{1}{N}\sum_{n=0}^{4095} s(n)$$

sera proche de zéro. Donc, si l'estimateur de la moyenne donne une valeur proche de zéro, on pourra raisonnablement penser que le signal est de moyenne nulle. Ceci peut être rapidement vérifié avec MATLAB™ puisque la fonction *mean* calcule justement cet estimateur. Pour estimer cette moyenne, il suffit d'écrire sous MATLAB™ :

```
m = mean(X);
```

Par exemple, pour le signal que nous avons généré, nous trouvons $m = 9.3\ 10^{-4}$: le signal est donc bien centré. On peut également supposer que le nombre N de mesures est tel que NT_e est proche d'un nombre entier de fois la période du signal.

3. *Estimation de la fonction d'autocorrélation.* Il nous faut réaliser l'estimation de la fonction d'autocorrélation du signal x. On commence donc par chercher un estimateur de cette fonction. On a vu, dans les rappels théoriques, la possibilité d'utiliser l'estimateur classique :

$$\hat{\gamma}_x(p) = \frac{1}{N-p}\sum_{n=0}^{4095-p} x(n+p)x(n) \text{ si } p \geq 0\,,$$

$$\hat{\gamma}_x(-p) = \hat{\gamma}_x(p)\,.$$

Afin de pouvoir interpréter le résultat de cette estimation, on recherche, comme dans la question précédente, ce que signifie l'utilisation de cet estimateur. On introduit pour cela l'expression du modèle de mesure dans l'expression de l'estimateur :

$$\hat{\gamma}_x(p) = \frac{1}{N-p}\sum_{n=0}^{4095-p} s(n+p)s(n) + \frac{1}{N-p}\sum_{n=0}^{4095-p} b(n+p)b(n) \text{ si } p \geq 0\,.$$

Le second terme de cette somme correspond à l'estimateur du maximum de vraisemblance de la fonction d'autocorrélation d'un signal aléatoire gaussien. Il est donc parfaitement adapté à la situation. Pour analyser le premier terme, rappelons que la définition de la fonction d'autocorrélation d'un signal déterministe s_1 de puissance moyenne finie et périodique de période NT_e (ce qui est le cas d'une sinusoïde) est égale à :

$$\gamma_{s_1}(p) = \frac{1}{kN}\sum_{n=0}^{n=kN-1} s_1(n+p)s_1(n)\,,$$

avec k un entier. Si le nombre d'échantillons du signal x correspond exactement à un nombre entier de période du signal s, alors le premier terme est égal à la fonction d'autocorrélation de ce dernier. Or, d'après la question précédente, le nombre N d'échantillons semble tel que NT_e est proche d'un nombre entier de fois la période du signal. Par conséquent, l'estimateur classique doit donner de bons résultats. Nous utilisons la fonction *xcov* de MATLAB™ afin d'estimer la fonction d'autocorrélation de x.

```
% on estime la fonction d'autocorrélation entre -128 et +128.
G1 = xcov(X,128,'unbiased');
%on extrait les 128 premières valeurs de la fonction d'autocorrélation.
G = G1(129:256);
```

Par exemple, les cinq premières valeurs estimées de la fonction d'autocorrélation du signal que nous avons généré sont :

$$\hat{\gamma}_x(0) = 1.5\,,\ \hat{\gamma}_x(1) = -0.28\,,\ \hat{\gamma}_x(2) = -0.15\,,\ \hat{\gamma}_x(3) = 0.48\,,\ \hat{\gamma}_x(4) = -0.39\,.$$

On a tracé, dans la figure 4.6 page suivante, les 128 premières valeurs de cette fonction. Afin de donner une première estimation de la fréquence du sinus, on réalise une FFT sur les 128 premières valeurs de la fonction d'autocorrélation :

```
% calcul du spectre d'amplitude de G
S1 = abs(fft(G));
%calcul des fréquences où est évalué le spectre
f = 0:1:127;
f = (Fe/128)*f;
plot(f,S1);
```

La résolution de ce spectre est égale à :

$$\frac{10000}{128} = 78{,}125Hz\,.$$

Par exemple, la figure 4.7 représente le spectre obtenu pour le signal que nous avons généré.

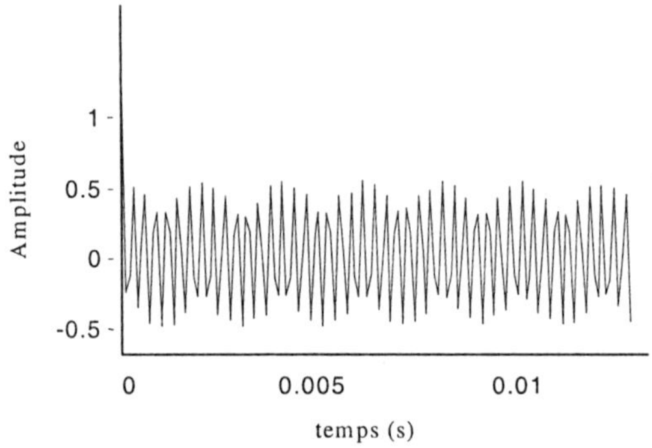

Figure 4.6 : Évolution de la fonction d'autocorrélation.

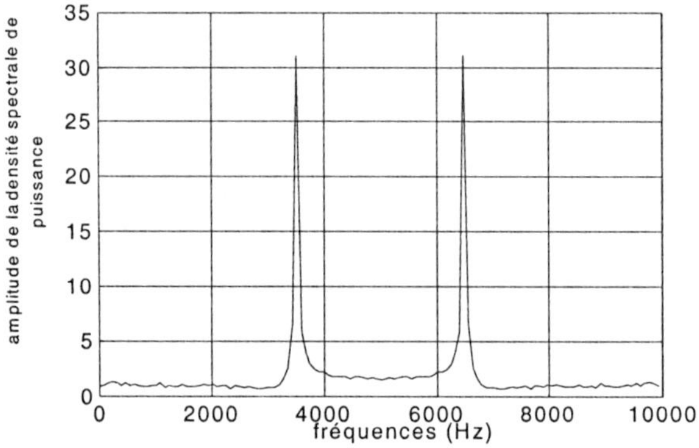

Figure 4.7 : Spectre d'amplitude de la fonction d'autocorrélation de x.

En recherchant le maximum (fonction *max* de MATLAB™) de ce spectre, on peut estimer la fréquence du sinus à 3593.75 *Hz*.

4. *Recherche des coefficients du prédicteur d'ordre 5 du signal x à l'aide de l'algorithme de Levinson.*

Nous avons pour cela créé une fonction prédicteur qui met en œuvre l'algorithme de Levinson.

```
function [a,var_erreur_prediction] = predicteur(ordre,C)

    a = C(2)/C(1);
    c = C(2);
    var_erreur_prediction = C(1)-c'*a;
    for i=1:ordre-1,
            beta = C(i+2)-(flipud(c))'*a;
            k = beta/var_erreur_prediction;
            a = a - k*flipud(a);
            a = [a;k];
            c = [c;C(i+2)];
            var_erreur_prediction = var_erreur_prediction*(1-(k^2));
    end
```

Dans cette fonction *ordre* est l'ordre du prédicteur, C est le vecteur contenant la fonction d'autocorrélation jusqu'à l'ordre *ordre*, *a* est le vecteur de régression de dimension *ordre*, et *var_erreur_prediction* la variance de l'erreur de prédiction. On utilise cette fonction pour déterminer les coefficients du prédicteur d'ordre 5.

```
C=G(1:6);
ordre=5;
[a,var_erreur_prediction] = predicteur(ordre,C);
```

À titre d'exemple, on trouve pour le signal généré à la question 1 :

$$a = [-0.1174,-0.0979,0.2584,-0.1770,0.0175]^T$$

$$\text{et var\_erreur\_prediction} = 1.2634$$

Le prédicteur d'ordre 5 s'écrit donc :

$$\hat{x}(n) = -0.1174x(n-1) - 0.0979x(n-2) + 0.2584x(n-3) - 0.1770x(n-4) + 0.0175x(n-5)\,.$$

5. *Tracer l'évolution de l'erreur de prédiction en fonction de l'ordre du prédicteur.* On utilise directement la fonction predicteur.

```
%initialisation du vecteur qui va recevoir les valeurs successives de
%l'erreur de prédiction.
vep = [ ];
%boucle de calcul de l'erreur de prédiction en fonction de l'ordre.
for i=1:127,
    [a,var_erreur_prediction]=predicteur(i,G(1:i+1));
    vep(i)=var_erreur_de_prediction;
end
ordre=1:1:127;
%tracé de l'évolution de l'erreur
plot(ordre,vep);
```

Cette évolution est tracée dans la figure 4.8.

On remarque une forte décroissance de cette erreur jusqu'à un ordre à peu près égal à 30 ainsi qu'une décroissance lente à partir de 60, à peu près.

On peut donc, dès maintenant, penser que d'un point de vue précision statistique, il ne sera pas utile d'aller au-delà de cet ordre.

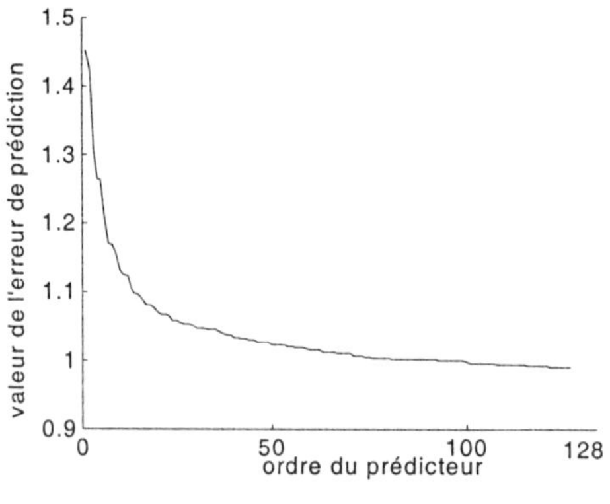

Figure 4.8 : Évolution de l'erreur de prédiction en fonction de l'ordre du prédicteur.

6. *Tracer l'évolution des critères d'Akaike en fonction de l'ordre du prédicteur.* On utilise les résultats du calcul précédent.

```
Cfpe=((4096-ordre-1).\(4096+ordre+1)).*vep;
Caic=log(vep)+2*(ordre+1)/4096;
Cmdl=log(vep)+(ordre+1)*log(4096)/4096;

figure(1)
plot(ordre,Cfpe)
xlabel('ordre')
ylabel('Evolution des critères C_{FPE} C_{AIC}et C_{MDL')
hold on
plot(ordre,Caic)
plot(ordre,Cmdl)
```

Les résultats de ces calculs sont tracés dans la figure 4.9 pour le signal que nous avons généré à la question 1.

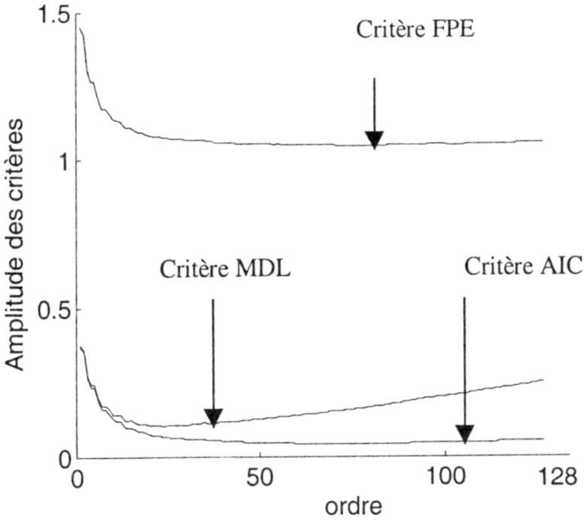

Figure 4.9 : Évolution des critères d'Akaike en fonction de l'ordre du prédicteur.

Si l'on calcule, grâce à la fonction *min,* l'ordre pour lequel chacun de ces critères est minimal, on trouve 71 pour les critères FPE et AIC et 24 pour le critère MDL.

Puisque les deux premiers critères donnent le même résultat et que le troisième donne un ordre pour lequel la variance décroît encore de façon significative (voir la question précédente), nous choisirons l'ordre 71 comme ordre optimal pour la suite. On appelle *aopt* le vecteur des coefficients de ce prédicteur d'ordre 71.

On peut aisément calculer *aopt* à l'aide de MATLAB™ :

```
[aopt,varopt]=predicteur(71,G(1:72));
```

On trouve pour la variance *varopt* une valeur de 1.0070.

7. *Recherche de la fréquence du sinus.* Les résultats de la question précédente nous permettent de modéliser le signal x comme la sortie d'un filtre purement récursif dont l'entrée est une variable aléatoire de moyenne nulle et de variance 1.0070. En appelant $aopt_i$ la *ième* composante de *aopt*, la densité spectrale de puissance $X(\nu)$ de x est égale à :

$$X(\nu) = 1.0070 \left| \frac{1}{1 - \sum_{i=1}^{71} aopt_i e^{\frac{-2j\pi\nu}{\nu_e}}} \right|^2 .$$

Nous évaluons cette fonction avec MATLAB™ à l'aide de la fonction *freqz* qui calcule la réponse en fréquence complexe d'un filtre.

```
A=[1;-aopt];
B=1;
%on évalue la réponse en fréquence sur4096 entre 0 et Fe/2 mais ce n'est
%pas une obligation. On peut choisir un nombre quelconque car
%on est
%totalement maître de la résolution.
[H,F]=freqz(B,A,4096,Fe);
% Xdsp est le vecteur qui reçoit le calcul des 4096 échantillons de la
%densité spectrale de puissance
Xdsp= varopt*(abs(H).^2);
%on recherche le maximum de la densité spectrale de puissance afin
%de savoir à quelle fréquence il correspond.
[Xmax,cmax]=max(Xdsp);
Fmax=F(cmax)
plot(F,Xdsp/Xmax);
xlabel('Fréquence en Hz');
ylabel('Amplitude de la densité spectrale de puissance')
grid
```

Cette densité spectrale de puissance est tracée dans la figure 4.10. Elle est parfaitement localisée autour de 3500 Hz et son maximum est atteint pour la fréquence 3499.8 Hz qui est donc la fréquence du sinus recherchée.

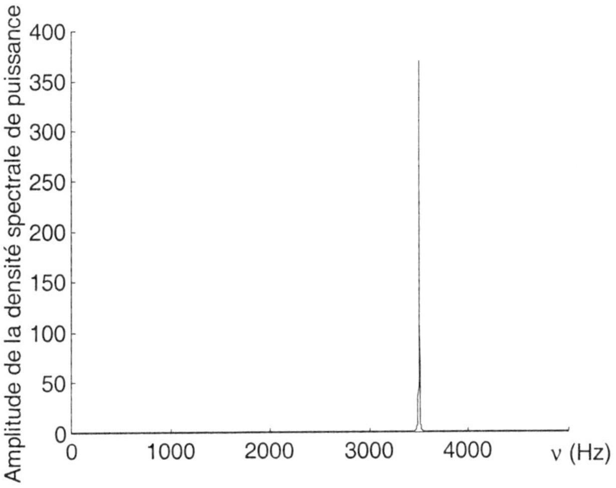

Figure 4.10 : Densité spectrale de puissance de *x* estimée par modélisation autorégressive.

8. *Caractéristiques de l'innovation.* L'innovation étant égale à la différence entre chaque $x(n)$ et sa prédiction $\hat{x}(n)$, il est possible de calculer numériquement des échantillons de celle-ci à partir du moment où les coefficients du prédicteur sont connus (ce qui est le cas).

On calcule donc les 4096-71 échantillons de l'innovation à partir des $x(n)$ de la question 1 et des coefficients *aopt*. Nous appellerons *innovation* le vecteur contenant les échantillons de l'innovation.

Pour déterminer de façon graphique la forme de la densité de probabilité, on peut agir comme suit. On calcule l'histogramme du vecteur *innovation*. Si l'on appelle P_i le centre de l'intervalle i de l'histogramme, δ la largeur des intervalles, N_i le nombre de fois où l'amplitude appartient à l'intervalle i et N le nombre total de points contenus dans le vecteur innovation, alors la valeur :

$$\frac{N_i}{N\delta},$$

est une approximation de la valeur de la densité de probabilité au point P_i. De façon qualitative et rapide, cela peut se justifier par le fait que :

$$\frac{N_i}{N},$$

est une approximation de la probabilité que l'amplitude de l'innovation appartienne à l'intervalle *i*. La densité de probabilité est alors obtenue en dérivant la probabilité. Ceci est réalisé ici numériquement en divisant par δ . On applique cette procédure en utilisant la fonction *hist* de MATLAB™.

```
innovation=[ ];
for i=1:(4095-71+1)
    innovation(i)=X(i+71)-(fliplr(X(i:i+71-1))*aopt);
end
[Ni,P]=hist(innovation,250);
delta=P(2)-P(1);
Dp = Ni/(sum(Ni)*delta);
plot(P,Dp)
hold on
xlabel('Amplitude de l''innovation')
ylabel('densité de probabilité')
Ln=(1/sqrt(2*pi*varopt))*exp(-(P.^2)/2*varopt);
plot(P,Ln);
```

Le résultat de cette estimation est tracé dans la figure 4.11. On y a également tracé une loi normale de moyenne nulle et de variance *varopt*. La comparaison des deux courbes nous permet de conclure que l'innovation suit bien une loi normale de moyenne nulle et de variance *varopt*.

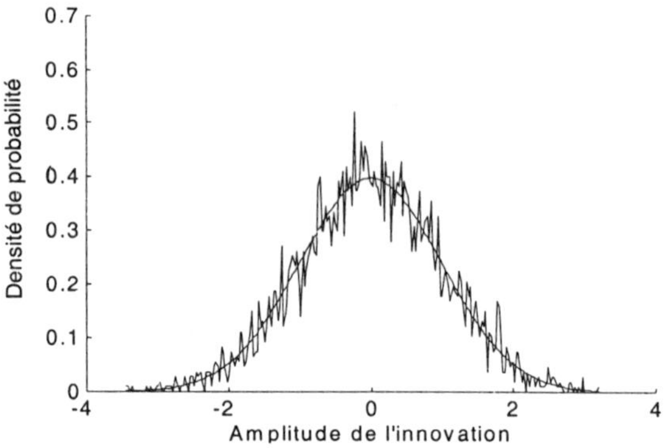

Figure 4.11 : Densité de probabilité estimée de l'innovation et densité de probabilité normale (courbe « lisse »).

■ Correction de l'exercice 6

1. *Modèle d'état discret permettant l'utilisation d'un filtre de Kalman pour résoudre ce problème.* Pour déterminer le modèle d'état, il faut commencer par déterminer les variables d'état puis écrire l'équation d'état correspondante.

L'équation différentielle qui caractérise le phénomène étudié est :

$$\frac{d^2 z(t)}{dt^2} = -g \,,$$

avec $z(t)$ la position du corps, $\dot{z}(t)$ sa vitesse de chute et $\ddot{z}(t)$ son accélération. Les variables d'état seront donc $z(t)$ et $\dot{z}(t)$.

Ce choix permet d'écrire l'équation d'état continue caractérisant la chute libre d'un corps dans un champ gravitationnel constant.

En notant le vecteur d'état $\mathbf{x}$ et en notant $x_1(t) = z(t)$ et $x_2(t) = \dot{z}(t)$ ses composantes, il vient :

$$\begin{cases} \dot{x}_1(t) = x_2(t) \\ \dot{x}_2(t) = -g \end{cases} .$$

L'équation d'état continue s'écrit donc :

$$\begin{cases} \dot{\mathbf{x}}(t) = \begin{bmatrix} 0 & 1 \\ 0 & 0 \end{bmatrix} \mathbf{x}(t) + \begin{bmatrix} 0 \\ 1 \end{bmatrix} (-g) \\ z(t) = [0 \quad 1] \mathbf{x}(t) + b(t) \end{cases} .$$

Le terme $b(t)$ est un bruit de mesure puisque celle-ci est entachée d'un bruit blanc additif de moyenne nulle et de variance 1.

L'équation d'état continue est de la forme :

$$\begin{cases} \dot{\mathbf{x}}(t) = \mathbf{A}\mathbf{x}(t) + \mathbf{B}(-g) \\ z(t) = \mathbf{C}\mathbf{x}(t) + b(t) \end{cases} .$$

Pour mettre en œuvre le filtre de Kalman discret, il faut écrire une équation d'état discrète de la forme :

$$\begin{cases} \mathbf{x}(k+1) = \mathbf{F}\mathbf{x}(k) + \mathbf{N}(-g) \\ z(k) = \mathbf{C}\mathbf{x}(k) + b(k) \end{cases} ,$$

avec :

$$\mathbf{F} = e^{\mathbf{A}T} ,$$

et :

$$\mathbf{N} = \int_0^T e^{\mathbf{A}v} \mathbf{B} \, dv .$$

Il faut donc calculer $e^{\mathbf{A}T}$, T étant la période d'échantillonnage. Pour effectuer ce calcul, on peut utiliser le fait que :

$$e^{\mathbf{A}T} = \mathbf{I} + \sum_{l=1}^{\infty} \frac{\mathbf{A}^l T^l}{l!}.$$

Pour cela, on commence par calculer le polynôme caractéristique de la matrice $\mathbf{A}$:

$$\det[\lambda\mathbf{I} - \mathbf{A}] = \begin{vmatrix} \lambda & -1 \\ 0 & \lambda \end{vmatrix} = \lambda^2.$$

D'après le théorème de Cayley-Hamilton, la matrice $\mathbf{A}$ est un zéro de son équation caractéristique, donc : $\mathbf{A}^2 = 0$. Le calcul de $e^{\mathbf{A}T}$ ne nécessite donc que l'évaluation de la série précédente au premier ordre :

$$e^{\mathbf{A}T} = \mathbf{I} + \mathbf{A}T,$$

soit :

$$e^{\mathbf{A}T} = \begin{bmatrix} 1 & 0 \\ 0 & 1 \end{bmatrix} + \begin{bmatrix} 0 & T \\ 0 & 0 \end{bmatrix} = \begin{bmatrix} 1 & T \\ 0 & 1 \end{bmatrix}.$$

Le calcul de $\mathbf{N}$ donne : $\mathbf{N} = \int_0^T \begin{bmatrix} 1 & v \\ 0 & 1 \end{bmatrix} \begin{bmatrix} 0 \\ 1 \end{bmatrix} dv = \int_0^T \begin{bmatrix} v \\ 1 \end{bmatrix} dv$,

soit :

$$\mathbf{N} = \begin{bmatrix} T^2/2 \\ T \end{bmatrix}.$$

Finalement, le modèle d'état discret est :

$$\begin{cases} \mathbf{x}(k+1) = \begin{bmatrix} 1 & T \\ 0 & 1 \end{bmatrix} \mathbf{x}(k) + \begin{bmatrix} T^2/2 \\ T \end{bmatrix} (-g) \\ z(k) = [1 \quad 0]\mathbf{x}(k) + b(k) \end{cases}.$$

2. *Origine possible de l'introduction d'un bruit sur l'état dans le modèle déterminé précedemment.* Le bruit sur l'état peut représenter des perturbations agissant sur le système.

On traite ces perturbations comme des incertitudes sur le modèle.

Il est également possible d'introduire un bruit sur l'état de manière artificielle, afin d'affiner le « réglage » et donc la convergence du filtre de Kalman.

3. *Calcul des trois premières estimations du vecteur d'état et des matrices de covariance associées ; on prend* $g = 10\ \text{ms}^{-2}$. Nous allons dérouler l'algorithme du filtre de Kalman avec comme valeurs d'initialisation :

$$\hat{\mathbf{x}}(0) = \begin{bmatrix} 970 \\ 1 \end{bmatrix} \quad \text{et} \quad \mathbf{P}(0|0) = \mathbf{P}(0) = \begin{bmatrix} 10 & 0 \\ 0 & 1 \end{bmatrix}.$$

Il n'y a pas de bruit sur l'état donc $\mathbf{Q} = \mathbf{0}$. Étant donné que la sortie est de dimension 1, la matrice d'autocorrélation du bruit de mesure $b(k)$ se réduit à un scalaire et vaut $\mathbf{R} = 1$. Les équations du filtre s'écrivent :

$$\hat{\mathbf{x}}(1|0) = \begin{bmatrix} 1 & T \\ 0 & 1 \end{bmatrix} \hat{\mathbf{x}}(0|0) + \begin{bmatrix} T^2/2 \\ 1 \end{bmatrix} (-g)\text{, avec } T = 1\text{s} \text{ et } g = 10\text{ms}^{-2}.$$

Étape 1 du calcul :

$$\hat{\mathbf{x}}(1|0) = \begin{bmatrix} 966 \\ -9 \end{bmatrix},$$

$$\mathbf{P}(1|0) = \mathbf{F}\mathbf{P}(0|0)\mathbf{F}^T + \mathbf{Q}\text{, avec } \mathbf{F} = \begin{bmatrix} 1 & 1 \\ 0 & 1 \end{bmatrix},$$

$$\mathbf{P}(1|0) = \begin{bmatrix} 11 & 1 \\ 1 & 1 \end{bmatrix},$$

$$\mathbf{K}(1) = \mathbf{P}(1|0)\mathbf{H}^T (\mathbf{H}\mathbf{P}(1|0)\mathbf{H}^T + \mathbf{R})^{-1}\text{, avec } \mathbf{H} = [1 \quad 0],$$

$$\mathbf{K}(1) = \begin{bmatrix} 11/12 \\ 1/12 \end{bmatrix},$$

$$\hat{\mathbf{x}}(1) = \hat{\mathbf{x}}(1|1) = \hat{\mathbf{x}}(1|0) + \mathbf{K}(1)[z(1) - \mathbf{H}\hat{\mathbf{x}}(1|0)].$$

La première estimation du vecteur d'état $\mathbf{x}$ est donc :

$$\hat{\mathbf{x}}(1) = \hat{\mathbf{x}}(1|1) = \begin{bmatrix} 997.1667 \\ -6.1667 \end{bmatrix}.$$

La matrice de covariance d'erreur associée à cette première estimation est :

$$\mathbf{P}(1) = \mathbf{P}(1|1) = \mathbf{P}(1|0) - \mathbf{K}(1)\mathbf{H}\mathbf{P}(1|0),$$

$$\mathbf{P}(1) = \mathbf{P}(1|1) = \begin{bmatrix} 11/12 & 1/12 \\ 1/12 & 11/12 \end{bmatrix}.$$

Étape 2 du calcul :

$$\hat{\mathbf{x}}(2|1) = \mathbf{F}\hat{\mathbf{x}}(1|1) + \mathbf{N}(-g)\text{, avec } \mathbf{N}(-g) = \begin{bmatrix} -5 \\ -10 \end{bmatrix},$$

$$\hat{\mathbf{x}}(2|1) = \begin{bmatrix} 986 \\ -16.1667 \end{bmatrix},$$

$$\mathbf{P}(2|1) = \mathbf{F}\mathbf{P}(1|1)\mathbf{F}^T + \mathbf{Q},$$

$$\mathbf{P}(2|1) = \begin{bmatrix} 2 & 1 \\ 1 & 11/12 \end{bmatrix},$$

$$\mathbf{K}(2) = \mathbf{P}(2|1)\mathbf{H}^T(\mathbf{H}\mathbf{P}(2|1)\mathbf{H}^T + \mathbf{R})^{-1},$$

$$\mathbf{K}(2) = \begin{bmatrix} 2/3 \\ 1/3 \end{bmatrix},$$

$$\hat{\mathbf{x}}(2) = \hat{\mathbf{x}}(2|2) = \hat{\mathbf{x}}(2|1) + \mathbf{K}(2)[z(2) - \mathbf{H}\hat{\mathbf{x}}(2|1)].$$

La deuxième estimation du vecteur d'état **x** est donc :

$$\hat{\mathbf{x}}(2) = \hat{\mathbf{x}}(2|2) = \begin{bmatrix} 981.9333 \\ -18.2 \end{bmatrix}.$$

La matrice de covariance d'erreur associée à cette deuxième estimation est :

$$\mathbf{P}(2) = \mathbf{P}(2|2) = \mathbf{P}(2|1) - \mathbf{K}(2)\mathbf{H}\mathbf{P}(2|1),$$

$$\mathbf{P}(2) = \mathbf{P}(2|2) = \begin{bmatrix} 2/3 & 1/3 \\ 1/3 & 7/12 \end{bmatrix}.$$

4. *Interprétation des résultats.* Sur la courbe représentant l'évolution de $p_{11}(k)$, il faut remarquer que $p_{11}(k)$, la variance de l'estimation de la position $\hat{x}_1(k)$, diminue énormément en une seule observation : cette valeur passe de 10 à 0,92. Sur la courbe représentant l'évolution de $p_{22}(k)$, on remarque qu'il faut 2 observations pour que $p_{22}(k)$, la variance de l'estimation de la vitesse $\hat{x}_2(k)$, diminue de manière significative. Ceci est tout à fait logique puisque l'observation porte directement sur $x_1(k)$, la position. Donc, dès la première observation, il y a suffisamment d'informations pour corriger $x_1(0)$. Par contre, pour corriger la vitesse $x_2(0)$, il faut 2 positions donc 2 observations.

L'observation des courbes de position et de vitesse montre que l'estimation de la position est bonne à partir du moment où l'estimation de la vitesse est, elle aussi, bonne, c'est-à-dire ici pour $k = 3$. Cette constatation est, là aussi, encore logique puisque la position n'a pas d'influence sur la vitesse ; par contre, le contraire n'est pas vrai. Pour obtenir une bonne estimation de la position, il faut au préalable avoir une bonne estimation de la vitesse.

■ Correction de l'exercice 7

1. *En supposant que la première mesure est égale à* $y(1) = 3$, *déterminer la première estimée* $\hat{\mathbf{x}}(1|1)$ *de l'état ainsi que la matrice* $\mathbf{P}(1|1)$. Nous allons dérouler l'algorithme du filtre Kalman avec comme valeurs d'initialisation :

$$\hat{\mathbf{x}}(0) = \hat{\mathbf{x}}(0|0) = \begin{bmatrix} 1 \\ 0 \end{bmatrix}, \ \mathbf{P}(0) = \mathbf{P}(0|0) = \begin{bmatrix} 10 & 0 \\ 0 & 10 \end{bmatrix},$$

$$\mathbf{Q} = \begin{bmatrix} 0 & 0 \\ 0 & 1 \end{bmatrix} \text{ et } \mathbf{R}(k) = [2 + (-1)^k].$$

Les équations du filtre s'écrivent :

$$\hat{\mathbf{x}}(1|0) = \begin{bmatrix} 1 & 1 \\ 0 & 1 \end{bmatrix} \hat{\mathbf{x}}(0|0).$$

$$\hat{\mathbf{x}}(1|0) = \begin{bmatrix} 1 \\ 0 \end{bmatrix},$$

$$\mathbf{P}(1|0) = \mathbf{F}\mathbf{P}(0|0)\mathbf{F}^T + \mathbf{Q}, \text{ avec } \mathbf{F} = \begin{bmatrix} 1 & 1 \\ 0 & 1 \end{bmatrix},$$

$$\mathbf{P}(1|0) = \begin{bmatrix} 20 & 10 \\ 10 & 11 \end{bmatrix},$$

$$\mathbf{K}(1) = \mathbf{P}(1|0)\mathbf{H}^T(\mathbf{H}\mathbf{P}(1|0)\mathbf{H}^T + \mathbf{R})^{-1}, \text{ avec } \mathbf{H} = [1 \quad 0],$$

$$\mathbf{K}(1) = \begin{bmatrix} 0.95 \\ 0.48 \end{bmatrix},$$

$$\hat{\mathbf{x}}(1) = \hat{\mathbf{x}}(1|1) = \hat{\mathbf{x}}(1|0) + \mathbf{K}(1)[z(1) - \mathbf{H}\hat{\mathbf{x}}(1|0)].$$

La première estimation du vecteur d'état $\mathbf{x}$ est donc :

$$\hat{\mathbf{x}}(1) = \hat{\mathbf{x}}(1|1) = \begin{bmatrix} 2.90 \\ 0.95 \end{bmatrix}.$$

La matrice de covariance d'erreur associée à cette première estimation est :

$$\mathbf{P}(1) = \mathbf{P}(1|1) = \mathbf{P}(1|0) - \mathbf{K}(1)\mathbf{HP}(1|0),$$

$$\mathbf{P}(1) = \mathbf{P}(1|1) = \begin{bmatrix} 0.95 & 0.48 \\ 0.48 & 6.24 \end{bmatrix}.$$

2. *Évaluation de la précision de l'estimation déterminée à la question précédente en terme d'une probabilité sur l'amplitude de l'erreur d'estimation.*

La variance de l'erreur d'estimation de l'état $\hat{\mathbf{x}}(1|1)$ est donnée par les termes diagonaux de la matrice $\mathbf{P}(1|1)$.

La variance de l'erreur d'estimation sur $x_1(1)$ est $\sigma_1^2 = 0.95$ donc l'écart type est égal à $\sigma_1 = 0.97$. La variance de l'erreur d'estimation sur $x_2(1)$ est $\sigma_2^2 = 6.24$ donc l'écart type est égal à $\sigma_2 = 2.5$.

Si l'on considère que l'erreur d'estimation ε_1 sur $x_1(1)$ et que l'erreur d'estimation ε_2 sur $x_2(1)$ suivent chacune une loi normale alors :

$$\Pr(|\varepsilon_1| < 3\sigma_1) \approx 0.99 \text{ et } \Pr(|\varepsilon_2| < 3\sigma_2) \approx 0.99,$$

donc :

$$\Pr(|\varepsilon_1| < 2.91) \approx 0.99 \text{ et } \Pr(|\varepsilon_2| < 7.5) \approx 0.99.$$

3. *Donner une interprétation de la valeur de la matrice :*

$$\mathbf{R}(k) = [2 + (-1)^k].$$

La forme de cette matrice traduit le fait que le bruit de mesure est plus important sur les mesures paires que sur les mesures impaires.

4. *Expliquer le comportement des deux composantes $K_1(k)$ et $K_2(k)$.* Compte tenu de l'influence de la matrice $\mathbf{R}(k)$ sur le calcul de $\mathbf{K}(k)$ et des résultats de la question précédente, le filtre de Kalman fera plus « confiance » aux mesures impaires qu'aux mesures paires donc :

$$\mathbf{K}(2k+1) > \mathbf{K}(2k).$$

5. *Expliquer la signification d'une telle initialisation.* La matrice de covariance est initialisée à :

$$\mathbf{P}(0) = \mathbf{P}(0|0) = \begin{bmatrix} 100 & 0 \\ 0 & 1 \end{bmatrix}.$$

Les termes diagonaux de cette matrice représentent les variances des erreurs d'estimation des composantes de l'état du système. Ici, la variance d'erreur correspondant à l'état $\hat{x}_1(0) = \hat{x}_1(0|0)$ vaut 100 et la variance d'erreur correspondant à l'état $\hat{x}_2(0) = \hat{x}_2(0|0)$ vaut 1.

On est donc plus sûr de l'initialisation de $\hat{x}_2(0) = \hat{x}_2(0|0)$.

BIBLIOGRAPHIE

Borne P, Dauphin-Tanguy G, Richard JP, Rotella F, Zambettakis I (1992) *Modélisation et identification des processus*, tomes 1 et 2. Éditions Technip.

Bozic SM (1994) *Digital and Kalman Filtering*. Edwards Arnold.

Brémaud P (1988) *An Introduction to Probabilistic Modeling*. Springer-Verlag.

Brown RG, Hwang PYL (1997) *Introduction to Random Signals and Applied Kalman Filtering*. John Wiley and Son.

Duvaux P (1991) *Traitement du signal*. Hermès.

Kay SM (1993) *Fundamentals of Statistical Signal Processing - Estimation Theory*. Prentice Hall International.

Kay SM (1988) *Modern Spectral Estimation*. Prentice Hall International.

Labarerre M, Krief JP, Gimonet B (1998) *Le Filtrage et ses applications*. Cépaduès Éditions.

Marple SL Jr (1987) *Digital Spectral Analysis with Applications*. Prentice Hall International.

Oppenheim AV, Shafer RW (1999) *Digital Signal Processing* (2è édition). Prentice Hall International.

Oppenheim AV, Shafer RW (1975) *Discrete Time Signal Processing*. Prentice Hall International.

Papoulis P (1991) *Probability, Random Variables and Stochastic Processes*. Mc Graw Hill.

Picinbono (1993-1995) *Signaux aléatoires*, tomes 1, 2 et 3. Dunod.

Rotella F, Borne P (1995) *Théorie et pratique du calcul matriciel*. Éditions Technip.

Van Trees HL (1968) *Detection, Estimation and Modulation Theory*, Part 1.Wiley.

CET OUVRAGE A ÉTÉ REPRODUIT
ET ACHEVÉ D'IMPRIMER
PAR L'IMPRIMERIE FLOCH À MAYENNE
EN AOÛT 2000

N° d'édition : 1029.
N° d'impression : 49247.
Dépôt légal : août 2000.
Imprimé en France